Finite-Elemente-Datenaufbereitung für die interaktive Visualisierung und Analyse in der Virtuellen Realität

Von der Fakultät für Maschinenwesen
der Rheinisch-Westfälischen Technischen Hochschule Aachen
zur Erlangung des akademischen Grades eines
Doktors der Ingenieurwissenschaften
genehmigte Dissertation

vorgelegt von
Bernhard Heinrich Müller-Held

Berichter:
Univ.-Prof. Dr.-Ing. Christian Brecher
Univ.-Prof. Dr.-Ing. Rainer Müller

Tag der mündlichen Prüfung: 17.12.2009

ERGEBNISSE AUS DER PRODUKTIONSTECHNIK

Bernhard Heinrich Müller-Held

Finite-Elemente-Datenaufbereitung für die interaktive Visualisierung und Analyse in der Virtuellen Realität

Herausgeber:
Prof. Dr.-Ing. Dr.-Ing. E.h. Dr. h.c. F. Klocke
Prof. Dr.-Ing. Dipl.-Wirt.Ing. G. Schuh
Prof. Dr.-Ing. C. Brecher
Prof. Dr.-Ing. R. Schmitt

Band 15/2009

WZL
RWTHAACHEN

Fraunhofer
IPT

Bibliografische Information der Deutschen Nationalbibliothek
Die Deutsche Nationalbibliothek verzeichnet diese Publikation in der Deutschen Nationalbibliografie; detaillierte bibliografische Daten sind im Internet über http://dnb.ddb.de abrufbar.

Bernhard Heinrich Müller-Held:
Finite-Elemente-Datenaufbereitung für die interaktive Visualisierung und Analyse in der Virtuellen Realität

1. Auflage, 2009

Gedruckt auf holz- und säurefreiem Papier, 100% chlorfrei gebleicht.

Wissenschaftsverlag des Instituts für Industriekommunikation und Fachmedien
an der RWTH Aachen
Steinbachstr. 25, 52074 Aachen
Internet: www.apprimus-verlag.de, E-Mail: info@apprimus-verlag.de

Druck: CPI Druckdienstleistungen GmbH, Ferdinand-Jühlke-Straße 7 | 99095 Erfurt

ISBN 978-3-940565-42-6

D 82 (Diss. RWTH Aachen University, 2009)

Vorwort

Etwas über fünf Jahre durfte ich als wissenschaftlicher Mitarbeiter am Laboratorium für Werkzeugmaschinen und Betriebslehre (WZL) der Rheinisch-Westfälischen Technischen Hochschule in Aachen am Lehrstuhl für Werkzeugmaschinen verbringen. An diese Zeit der Zusammenarbeit mit großartigen Kolleginnen und Kollegen denke ich in Dankbarkeit zurück.

Danken möchte ich Herrn Prof. Christian Brecher und Herrn Prof. em. Manfred Weck für die Unterstützung meiner Tätigkeit am Lehrstuhl für Werkzeugmaschinen. Herrn Prof. Brecher gilt außerdem mein Dank dafür, dass er mir die Möglichkeit für den erfolgreichen Abschluss meiner Arbeit gegeben hat. Herrn Prof. Rainer Müller danke ich für die Übernahme des Koreferats und die eingehende Durchsicht.

Die vorliegende Arbeit konnte erst durch die fleißige Mithilfe zahlreicher Kollegen, Studien- und Diplomarbeitern entstehen. An erster Stelle möchte ich Günter Körner vom WZL und Philippe Cerfontaine vom Rechen- und Kommunikationszentrum nennen. Auch die Diplomanden Andreas Schmitz und Klaus Kessler haben einen wesentlichen Beitrag zum Gelingen dieser Arbeit geleistet. Am Rechen- und Kommunikationszentrum haben mich gerade in der Anfangszeit der Arbeit Vincent Honnet und Artur Ullmann tatkräftig unterstützt. Allen einen herzlichen Dank!

Herrn Dr. Stephan Witt bin ich für die kritische Durchsicht der Arbeit und seine zahlreichen Anregungen zu Dank verpflichtet.

Meiner lieben Frau Veronika bin ich in ganz besonderem Maße dankbar. Sie hat mir beim Fertigstellen der Arbeit tatkräftig geholfen und sich stets aufopferungsvoll darum bemüht, mir den Rücken freizuhalten und mir den Platz am Schreibtisch schmackhaft zu machen. Ohne sie hätte ich die Arbeit wohl nicht mehr zu einem guten Ende gebracht. Meinem Sohn Paul danke ich für seine unersättliche Lebensfreude, die mir stets Hoffnung und Zuversicht gibt.

Meiner Tante Marina Stepkes sowie den zahlreichen Helfern der Familie Blasel, vor allem meinen Schwägerinnen Franziska und Clara, danke ich herzlich für die redaktionelle Durchsicht von Teilen der Arbeit.

Mein Dank gilt insbesondere auch meinen Eltern, die mir ein wissenschaftliches Studium erst ermöglicht haben. Mein Vater Herr Dr. Wolfgang Müller-Held und meine Schwester Isabella haben mich stets ermuntert, die Arbeit fertigzustellen. Es wäre mir eine große Freude gewesen, diese Arbeit auch meiner verstorbenen Mutter Isabella Müller-Held zur präsentieren, da sie stets darum besorgt war, dass aus mir etwas „Vernünftiges“ wird.

Omnia ad maiorem Dei gloriam.

Aachen, im Dezember 2009 Bernhard Müller-Held

Inhaltsverzeichnis

Zeichen, Einheiten und Benennungen

Characters, units and names

Lateinische Zeichen

Zeichen	**Benennung**
A^*	Suchalgorithmus
A	Fläche
a	Beschleunigung
b	blau
D	Verzerrung
E	E-Modul
F	Kraft
F	Fläche
$f(s)$	Laufzeitkostenfunktion
g	grün
$g(s)$	bekannte Laufzeitkostenfunktion
$h(s)$	Heuristik
J	Trägheitstensor
K, k	Steifigkeit
K, k	Knoten
L	Drehimpuls
L	Länge
M, m	Masse
M	Moment
N	Ansatzfunktion
n	Normale
P	Punkt/Knoten
P	Impuls
$P(s)$	Position eines Zustands in Weltkoordinaten
Q	Kraft, die an einem Bauteil angreift
$\underline{\hat{Q}}$	Kompensationskraft, Zwangskraft

R	Rotationsmatrix
r	Radius
r	rot
S	Zustandsraum
s	Zustandspunkt
t	Zeit
t	Eintauchtiefe
u	Verlagerung
v	Geschwindigkeit
V	Volumen
W	Arbeit
x	Weg, Bewegungskurve
Y	Zustandsvektor

Griechische Zeichen

Symbol	**Benennung**
$\alpha, \beta, \gamma, \delta$	Gewichtungsfaktoren
ε	Einflussfaktor der kinetischen Energie
ε	Dehnung
ν	Querkontraktionszahl
ω	Winkelgeschwindigkeit
τ	Drehmoment
σ	Spannung

Abkürzungen

BSP	Binary Space Partition
CAD	Computer Aided Design
CAE	Computer Aided Engineering
CAM	Computer Aided Manufacturing
CAVE	Cave Automatic Virtual Environment
CAx	Computer Aided x

CIM	Computer Integrated Manufacturing
COVER	COVISE Virtual Environment
COVISE	Collaborative Visualisation and Simulation Environment
DIN	Deutsches Institut für Normung
DMU	Digital Mock-Up
DOF	Degrees of Freedom
FE	Finite Elemente
FEA	Finite Element Analysis
FEM	Finite-Elemente-Methode
GUI	Graphical User Interface
HMD	Head Mounted Display
IGES	Initial Graphics Exchange Specification
ISO	International Organisation for Standardisation
LOD	Level of Detail
MKS	Mehrkörpersimulation
ODE	Open Dynamics Engine
OPCODE	Optimised Collision Detection
PC	Personal Computer
PDM	Product Data Management
PPS	Produktionsplanung und -steuerung
STEP	Standard for the Exchange of Product Model Data
TCP	Tool Center Point
TCP/IP	Transmission Control Protocol/Internet Protocol
UDT	Universal Design Theory
UNV	Universal
VDA-FS	Verband der Automobilindustrie – Flächenschnittstelle
VE	Virtual Environment
ViSTA	Virtual Reality for Scientific Technical Applications
VPPM	Virtuelle Produkt- und Prozessmodellierung
VR	Virtuelle Realität/Virtual Reality
VTK	Visualisation Toolkit

1 Einleitung

Introduction

Für die Entwicklung moderner Werkzeugmaschinen wird heute eine Vielzahl von Berechnungsprogrammen genutzt. Gerade der Einsatz von Finite-Elemente-Programmen (FE-Programmen) ist im letzten Jahrzehnt ständig gewachsen und heute beinahe unverzichtbar für die Berechnung des statischen und dynamischen Werkzeugmaschinenverhaltens. Die Herausforderung bei der FE-Berechnung von komplexen Werkzeugmaschinen ist die exakte Modellerstellung, für die nicht nur die Abbildung der Strukturkomponenten, sondern auch die der Koppelstellen, wie etwa die der Bauelemente Führungen und Antriebe, notwendig ist. Darüber hinaus ist es sogar möglich, durch das Einbinden von Antriebsregelkreisen eine flexible Mehrkörpersimulation in Verbindung mit Computer-Aided-Engineering-Programmen (CAE-Programmen) durchzuführen [GAU04], [QUE05].

Bei der Neuentwicklung von Werkzeugmaschinen stellt sich häufig die Frage nach dem statischen und dynamischen Verhalten in unterschiedlichen – vor allem in ungünstigen – Arbeitsraumpositionen. Herkömmlich wird ein Modell lediglich in einer diskreten Verfahrposition berechnet. Um eine Berechnung an einer anderen Position durchzuführen, muss das Modell meist von Hand in mehreren recht aufwendigen Schritten angepasst werden [WEC00a], [WEC00b].

Die Auswertung von FE-Ergebnisdaten kann in einem schriftlichen Bericht immer nur einen groben Eindruck der problembehafteten Bereiche vermitteln. Ein dreidimensionales Bild in einem PC-basierten FE-Postprocessing-Visualisierer oder eine Animation trägt wesentlich besser zum Verständnis bei. Darüber hinaus wäre die Möglichkeit einer Echtzeitinteraktion mit dem Rechenmodell eine sinnvolle Erweiterung, die bisher nicht in einer herkömmlichen CAE-Software verfügbar ist. Durch ein sogenanntes „Computational Steering" könnte die Kraftangriffsrichtung am Tool Center Point (TCP) selbst festgelegt und eine entsprechende Auswertung des interpolierten Ergebnisses in Echtzeit durchgeführt werden. Dies würde es dem Anwender erlauben, interaktiv das Modell einer Werkzeugmaschine kennenzulernen und die Schwachstellen ausfindig zu machen. Kombiniert mit einer Schwachstellenanalyse, mit deren Hilfe festgestellt werden kann, welche Strukturkomponenten und Fügestellenelemente bei einem ausgewählten Belastungsfall die wesentlichen Anteile an der Gesamtverlagerung des TCP verursachen, entstünde ein mächtiges interaktives Analysewerkzeug, dessen Funktionalitätsumfang weit über dem der üblichen CAE-Programme liegt. Hiermit könnten Maßnahmen zur Optimierung von Werkzeugmaschinen deutlich zügiger eingeleitet werden. Die Entwicklung und Umsetzung eines solchen Analysewerkzeugs ist Ziel dieser Arbeit.

So wird etwa gezeigt, wie ein Konstrukteur den TCP an eine beliebige Position im Arbeitsraum verfahren und mit einer frei wählbaren Kraft beaufschlagen kann. Die Ergebnisdaten einer Schwachstellenanalyse werden dann in Echtzeit berechnet und können mit Techniken der Virtuellen Realität (VR) visualisiert und analysiert werden. Dem Benutzer steht somit erstmals ein sehr intuitives, benutzerfreundliches Werkzeug zur Verfügung, mit dem er den Einfluss eines bestimmten Gestellbauteils oder eines beliebigen Maschinenbauelements an einer frei wählbaren Verfahrposition unter Berücksichtigung verschiedener Kraftangriffsrichtungen bestimmen kann, um so gezielt Optimierungsmaßnahmen einleiten zu können.

Für die Durchführung einer solchen Schwachstellenanalyse sind einige Vorverarbeitungsschritte und die Entwicklung von Verfahren notwendig, die in der integrierten Softwarelösung „StrukExm“ zusammengefasst wurden. Dieses Programm übernimmt einerseits Aufgaben eines erweiterten FE-Postprozessors, andererseits bearbeitet es die erzeugten Daten in einem sogenannten VR-Preprocessing-Schritt für die Integration in eine Virtuelle Umgebung (VE) vor.

Grundlage für die Arbeit mit StrukExm soll ein universelles FE-Datenformat sein, wie es handelsübliche FE-Programme exportieren können. In einem ersten Schritt wird dieser Datensatz durch geeignete Reduktionsverfahren für eine flüssige interaktive Visualisierung in einer Virtuellen Umgebung vorbereitet. Dabei ist zu berücksichtigen, dass Ergebnisdaten, wie etwa Verlagerungsergebnisse, neben den Raumkoordinaten weitere Informationen an den Knoten des FE-Netzes beinhalten, die nicht durch einfache Reduktionsverfahren vernachlässigt werden können. Deswegen werden hier intelligente Netzreduktionsverfahren eingesetzt, die auf diese Besonderheiten der FE-Ergebnisdaten von Werkzeugmaschinenmodellen eingehen.

In einem nächsten Schritt bedient sich StrukExm der Kenntnis der besonderen Abbildung von Maschinenbauelementen in einem FE-Modell durch spezielle Federelemente. Durch ein geeignetes Interpretationsverfahren kann so automatisiert eine Kinematik dem Werkzeugmaschinenmodell hinzugefügt werden, wodurch es dem Anwender beispielsweise erlaubt wird, den TCP an eine beliebige Position zu verfahren, während sich sämtliche Gestellbauteile physikalisch korrekt mitbewegen.

Bei der Integration der Maschinenkinematik soll auch eine Kollisionskontrolle berücksichtigt werden, die einerseits das Verfahren des TCP nur innerhalb des Arbeitsraums zulässt und andererseits mit Hilfe eines intelligenten Algorithmus vollautomatisch den maximal nutzbaren Arbeitsraum ermitteln kann, was besonders bei Werkzeugmaschinen mit Parallelkinematik von Bedeutung ist.

Auf Grundlage dieser Vorarbeiten wird dann ein FE-Solver in das Programm StrukExm integriert, der, nachdem das FE-Modell automatisiert in ein vereinfachtes FE-Ersatzmodell überführt wurde, FE-Berechnungen fast in Echtzeit durchführen kann. Mit Hilfe dieser Berechnungen können dann Verlagerungsanteile von Gestell- und Maschinenbauteilen berechnet werden, die auf diese Weise die oben erwähnte interaktive Schwachstellenanalyse an beliebigen Verfahrpositionen im Arbeitsraum zulassen.

Durch eine bidirektionale Verbindung der Software StrukExm mit dem Programm ViSTA [REI00] stehen also für eine Visualisierung und Analyse sämtliche Interaktions- und Visualisierungstechniken in einer Virtuellen Umgebung zur Verfügung [CER05].

Introduction

Weak point analysis for machine tools is a common tool in the design process of new concepts of machine tools. Nowadays, there are a lot of different and important CAx tools in the market. Due to the overflow of simulation data it is necessary to use new interactive visualisation tools, like they are given in a virtual environment (VE). Common Finite Element Analysis (FEA) programs are connected with interactive visualisation tools by the integrated design workspace StrukExm in order to introduce a lot of interesting, required and useful approaches to support users during the design process.

A machine tool can be visualised in a virtual environment on the basis of a finite element mesh. Due to the fact that finite element meshes are totally different from the meshes used for normal visualisation proposes in a VE, there have been integrated a couple of different mesh decimation algorithms preparing the FE mesh for the visualisation of the geometry or results.

For the visualisation of FEA results there have to be used different approaches. The results are stored in every single node of the mesh. In this case, reducing the mesh means not only to e.g. describe a single plate with two triangles but also to prove if the results of the neighboured nodes are also in the same range, so that these nodes can either be merged or not.

These different mesh decimation algorithms are integrated into StrukExm which is used as both, an FEA postprocessor and an VE preprocessor. On the basis of this program using FEA meshes and results, there are a lot of different possibilities to experience a machine tool in a VE.

An integrated kinematic interface is able to get the translational, rotational or even spherical boundary conditions of two different machine parts to each other. This information is also extracted from the FEA model of a machine tool. The machine parts are coupled with mounts or drives which are represented as springs with different stiffness inside the FEA model. In StrukExm the user can approve the program's boundary suggestion or modify the chosen boundary condition. With these defined boundary conditions and the integrated kinematic interface the tool centre point (TCP) can be moved to any position in space. The machine parts move according to the given constrains.

An integrated collision detection allows to move the TCP inside its possible barriers. Furthermore, this collision detection can find all possible positions in the workspace in a VE by means of a specially developed algorithm. As a result, the whole possible workspace in a VE is shown. Thus, it should be very interesting to think about special new concepts using parallel kinematics for machine tools. Special geometries of work pieces can be virtually adjusted inside the workspace to check.

In addition to these possibilities a weak point analysis is also integrated into the VE. The deflection of mounts and drives can be analysed by means of a small FEA solver. The integrated kinematic interface helps to move the machine tool to any position, to freeze it or to apply a force with any direction. As a result, the percental deflection of each coupling of machine parts can be visualised. This allows for totally new possibilities of examining the machine tool to its weak points. As for the percental deflection of machine parts, real FEA results arising from an FEA program are essential to extract these results.

With the help of some interpolation algorithms any result arising from any given force at the TCP can be interactively interpolated from three given non collinear results in the VE. If there are result sets at at least four different driving positions of the machine tool and if there are at least three non collinear forces at each driving position, the result can be interactively calculated for any given position of the TCP and any given force.

The project has shown how to use techniques like virtual reality to help machine tool designers to find and feel the weak points of their new concepts. The mesh decimation and the integrated kinematic simulation with collision detection are needed to preprocess the data for the work in a virtual environment.

2 Stand der Technik

State of the art

2.1 Definition von Virtual Reality und synonym verwendeten Begriffen

Definition of virtual reality and related fields

Bei der Durchsicht von Veröffentlichungen zur Forschung im Werkzeugmaschinenbau, die sich mit Techniken oder der Integration der Virtuellen Realität befassen, fällt eine Uneinheitlichkeit in der Verwendung von Begriffen wie „Virtuelle Realität", „Virtuelle Welt" und „Virtuelle Umgebung" auf. Um im Folgenden auch begrifflich stringent arbeiten zu können, ist vor dem Vorstellen der einzelnen Forschungsvorhaben eine Definition der oben genannten Begriffe vonnöten.

Viele der technologischen Errungenschaften, die seit den 60er Jahren in den Bereichen der 3D-Echtzeit-Computer-Graphik und der Mensch-Maschine-Schnittstelle entwickelt wurden, werden heute unter dem Oberbegriff „Virtual Reality" (VR) – zu Deutsch „Virtuelle Realität" – zusammengefasst. Dieser Terminus technicus existiert jedoch erst seit 1989. Geprägt wurde der Begriff von Jaron Lanier, der VR als „an immersive, interactive simulation of realistic or imaginery environments" bezeichnet [BEI09], [PSO95], [KEL93]. Diese Definition bietet bereits zwei Kernbegriffe: So ist der Begriff „Immersion", was soviel bedeutet wie „Eintauchen", ebenso eine Schlüsselbedingung für die Virtuelle Realität wie die interaktive Simulation („interactive simulation") einer künstlich erschaffenen Umgebung. Einen wichtigen Gesichtspunkt hat Lanier in seiner Definition allerdings nicht erwähnt, nämlich den der Interaktivität in Echtzeit. Echtzeit in Verbindung mit Virtueller Realität bedeutet, dass der Computer in der Lage ist, innerhalb kürzester Zeit Eingabesignale des Benutzers zu erkennen, die Virtuelle Welt dementsprechend zu verändern und Ausgabesignale an den Benutzer bzw. an die Ausgabegeräte abzugeben [BUR94], [BUR03]. Dieser Aspekt kommt in der von Bormann im Jahre 1994 aufgestellten Definition zum Tragen, wenn es heißt: „Die VR-Technik kann als ein System beschrieben werden, das dem Benutzer durch eine interaktive Graphik in Echtzeit mit dreidimensionalen Modellen und einer geeigneten Ausgabetechnik erlaubt, in die Modellwelt einzutauchen und diese direkt zu manipulieren" [BOR94].

In der Fachliteratur hat sich diese Sichtweise des Begriffs „Virtuelle Realität" weitgehend durchgesetzt [AIR90], [BRO99]. 1997 definiert Alexander Hennig: „Virtual Reality ist eine Mensch-Maschine-Schnittstelle, die es erlaubt, eine computergenerierte Umwelt in Ansprache mehrerer Sinne als Realität wahrzunehmen" [HEN97]. Im gleichen Jahr erklären Spur und Krause: „Definieren lässt sich VR als eine [...] Technik zur Interaktion mit dem Rechner, die es einem Benutzer erlaubt, in eine Modellwelt ‚einzutauchen' und diese direkt zu manipulieren [...], wobei alle menschlichen Wahrnehmungssinne angesprochen werden" [SPU97].

Immer häufiger ist gegenwärtig in Fachzeitschriften zu CAD-(Computer-Aided-Design-), CAM-(Computer-Aided-Manufacturing-) und CAE-Technologien neben der Verwendung des Terminus VR auch ein Auftauchen von Begriffen wie „Digital Mock-Up" (DMU), „Digital Prototyping", „Virtual Prototyping", „Virtual Engineering" oder „Virtual Manufacturing" zu beobachten. Sie werden dort oft nicht deutlich von dem Begriff „Virtual Reality" unterschieden. Gleiches gilt für die Schlagworte „Virtuelles Produkt" und „Virtuelle Produktion". Alle diese Begriffe bezeichnen eigenständige Konzepte, in denen der Einsatz von VR-Technologien sinnvoll sein kann oder die erst durch das Werkzeug VR möglich werden. Auch untereinander werden diese Begriffe nicht immer sauber getrennt. Das, was sie bezeichnen, kann sich überschneiden oder kann Teil eines übergeordneten Konzepts sein. Gelegentlich wird „Virtual Reality" auch mit dem Oberbegriff der Simulation gleichgesetzt, was allerdings den oben beschriebenen Definitionen widerspricht.

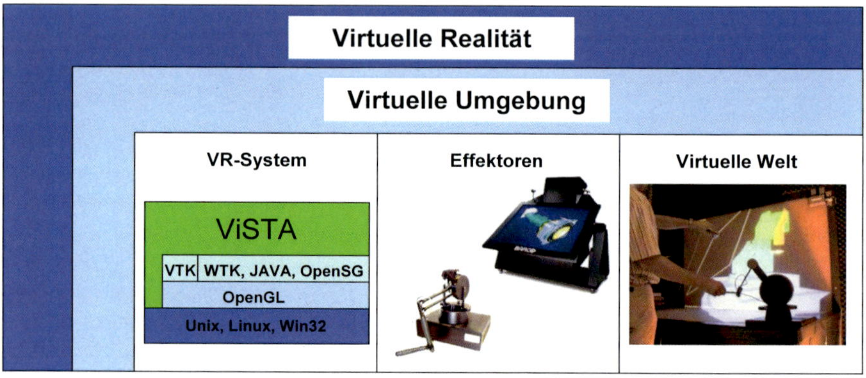

Bild 2-1: Definition Virtuelle Realität
Definition virtual reality

Im englischen Sprachraum setzt sich die Bezeichnung „Virtual Environment" immer mehr durch, während in Japan die Bezeichnung „Realistic Sensation" üblich ist. Beide Begriffe werden synonym für VR verwendet.

Unter „Virtual Environment" oder „Virtueller Umgebung" wird in dieser Arbeit die Gesamtheit aller technischen Komponenten (Hard- und Software, Ein- und Ausgabesysteme) verstanden, die eine Virtuelle Realität, wie sie Spur und Krause [SPU97] verstehen, implementieren.

2.2 Technische Grundlagen Virtueller Umgebungen

Technical fundamentals of virtual environments

Eine Virtuelle Umgebung setzt sich aus drei ‚Bausteinen' zusammen:

- Das VR-System: VR-Software und spezielle VR-Rechner-Hardware
- Effektoren: Ein- und Ausgabesysteme, z. B. Datenhandschuh, Tracking-System, 3D-Visualisierung, 3D-Sound, haptische Systeme
- Die Virtuelle Welt: Graphisches und physikalisches Datenmodell

Das Zusammenspiel dieser Bausteine einer immersiven Virtuellen Umgebung erfolgt idealerweise gemäß der oben gegebenen Definition in Echtzeit: Position und Orientierung jedes Körperteils (Kopf, Hände, Augen usw.) eines Benutzers müssen durch Tracking-Sensoren erfasst werden. Ebenso muss für den Anwender die Möglichkeit der direkten Eingabe von Befehlen oder der gezielten Manipulation von Objekten in der Virtuellen Umgebung über Eingabesysteme gegeben sein. Ein „Simulationsmanager" – in der Regel eine spezielle Software innerhalb des VR-Systems – verteilt die ermittelten Daten an entsprechende Subsysteme (Audio-, Graphik- und Video-Subsysteme). Dort wird der jeweilige Zustand der Virtuellen Welt mit den aktuellen Daten neu berechnet und über die unterschiedlichen Ausgabegeräte visuell, akustisch und haptisch dargestellt.

2.2.1 VR-System

VR system

Unter einem VR-System – dem ersten Baustein Virtueller Umgebungen – wird allgemein die VR-Software und spezielle VR-Rechner-Hardware, die zur Ausführung einer VR-Anwendung nötig sind, verstanden. Die VR-Software bildet das Herzstück jeder VR-Anwendung; sie ermöglicht eine homogene Echtzeitanwendung, indem sie die 3D-Objekt-, Simulations- und Prozessdaten sowie die Virtuelle Welt mit den Ausgabesystemen und Interaktionsgeräten (Eingabesystemen) lädt und verknüpft. Mit der VR-Rechner-Hardware sind einerseits Rechnerplattformen wie Graphik-Workstations, High-End-Graphikrechner oder Multiprozessor-Vektorsysteme gemeint, andererseits Hardwarekomponenten wie z. B. 3D-Hochleistungs-Graphik- und Soundkarten sowie interne Komponenten zur Anbindung haptischer Systeme (s. Kapitel 2.2.2.2.2). Ein VR-System kann hardwareseitig aus mehreren verschiedenen Rechnertypen bestehen – so können z. B. ein Graphikrechner, ein Rechner für die Simulationsroutinen und ein Server für verteilte Anwendungen kombiniert werden. Solche Kombinationen verschiedener Spezialrechner sind bei anspruchsvollen immersiven VR-Anwendungen üblich und in der Regel auch notwendig, um ein echtzeitnahes Arbeiten in einer Virtuellen Umgebung zu ermöglichen.

VR-Systeme lassen sich in die Komponenten 3D-Modellierer, VR-Toolkits und VR-Applikationen unterteilen, die im Folgenden näher erläutert werden sollen.

2.2.1.1 3D-Modellierer

3D modeller

3D-Modellierer oder 3D-Software unterscheiden sich von VR-Software dadurch, dass spezielle VR-Eigenschaften wie Stereoskopie und andere immersive Techniken nicht unbedingt unterstützt werden. Die Darstellung der Daten und das Arbeiten mit diesen Datenmodellen erfolgt nicht in einer immersiven Virtuellen Umgebung. 3D-Software dient primär der Modellierung dreidimensionaler Objekte, wobei durchaus über die reinen Geometriedaten hinaus Eigenschaften oder Funktionalitäten der Objekte inbegriffen sein können, aber nicht müssen. Ein Beispiel ist die auf die Modellierung und Simulation technischer Anlagen spezialisierte CAD-Software von Pro/ENGINEER [PTC08]. Ein anderes Beispiel sind die 3D-CAD-, CAM- und CAE-Lösungen von Unigraphics [UGS08], die z. B. ein Stücklistenmanagement beinhalten. Diese 3D-Softwarelösungen können als eine Stufe oder als ein Baustein der ständigen Fortentwicklung des CAE von ersten einfachen CAD-Systemen über 3D-CAD- und DMU-Systeme bis hin zum komplett digitalisierten Prototypen und zur virtuellen Produkt- und

Prozessmodellierung (VPPM) gesehen werden. 3D-Modellierer sind oft eine Komponente kompletter VR-Softwaresysteme, so z. B. das Programm SGI-Inventor als möglicher Baustein der VR-Software IRIS Performer von Silicon Graphics [SGI08]. Die Übergänge zu sogenannten VR-Toolkits sind fließend.

2.2.1.2 VR-Toolkits
VR toolkits

VR-Software dient im Gegensatz zu reinen 3D-Modellierern dem Erstellen von Datenmodellen, die in einer Virtuellen Umgebung präsentiert werden sollen. Neben den Geometriedaten enthalten diese Datenmodelle alle nötigen Informationen, um typische VR-Technologien, wie etwa stereoskopische Darstellung oder kraftrückkoppelnde Eingabegeräte, zu unterstützen. Von einem VR-Toolkit oder einer VR-Entwicklungsumgebung wird gesprochen, wenn die VR-Software die Möglichkeit bietet, neue Applikationen zu erstellen und bestehende zu verändern. Auf dem Markt werden inzwischen zahlreiche VR-Toolkits angeboten, die meist Schnittstellen zu allen gängigen Ein- und Ausgabesystemen (s. Kapitel 2.2.2) wie Tracking-Systemen, Eingabegeräten und der visuellen Ausgabe beinhalten.

Professionelle VR-Toolkits erlauben in der Regel über integrierte Konvertierungsprogramme den direkten, aber nicht immer verlustfreien Import bereits bestehender 3D-Daten aus (Modellierungs-)Programmen wie z. B. AutoDesk, AutoCAD (*.dxf) und 3D Studio (*.3ds, *.asc), VRML (*.wrl), Pro/ENGINEER Render (*.slp) oder SGIInventor (*.iv). Ebenfalls zum Standard gehört die Unterstützung eines Graphik-Beschleunigers wie OpenGL, Quick Draw 3D oder Direct3D. Die Leistungsfähigkeit solcher VR-Toolkits ist unterschiedlich hoch, jedoch sind die Basisversionen in der Regel nicht auf eine bestimmte Aufgabe hin ausgelegt. Die gewünschte VR-Anwendung kann im Rahmen der Möglichkeiten des VR-Toolkits vom Anwender aus vorgegebenen Softwaremodulen zusammengesetzt werden (vgl. [BRO98], [HEN97], [CEN08]).

2.2.1.3 VR-Applikationen
VR applications

Speziellere Systeme werden als VR-Applikationen bezeichnet und sind meist für eine bestimmte Aufgabe konzipiert. Sie laufen oft nicht nur innerhalb einer Virtuellen Umgebung ab, sondern dienen auch der Verbindung zu externen Anwendungen oder weiteren Virtuellen Umgebungen, d. h. sie implementieren Schnittstellen, über die eine externe Anwendung (z. B. eine Simulation) Daten mit dem VR-System austauschen kann. Die Realisierung spezieller VR-Applikationen erfolgt in der Regel direkt in einer Programmiersprache (C, C++, JAVA). Als Beispiel eines rein anwendungsbezogenen Programms sei hier die Visualisierungs-Software FluVis [INT08] genannt. Sie dient der interaktiven 3D-Simulation und -Darstellung von Strömungsuntersuchungen in einer Virtuellen Umgebung und wurde von GMD für den Projektpartner Daimler Benz AG entwickelt. Ein anderes Beispiel ist die medizinische Simulationssoftware KISMET [KIS08], die am Forschungszentrum Karlsruhe im Bereich minimal-invasiver Chirurgie u. a. zur Anbindung haptischer Systeme und zur stereoskopischen 3D-Visualisierung eingesetzt wird. Oft bauen spezielle VR-Applikationen auf bestehenden Toolkits auf. Die am Rechen- und Kommunikationszentrum der RWTH Aachen entwickelte VR-Software ViSTA [REI00] ist hierfür ein Beispiel, auf das in Kapitel 4.6 näher eingegangen wird.

2.2.2 Effektoren – Ein- und Ausgabesysteme

Effectors – input and output devices

Ein- und Ausgabesysteme (Effektoren) sind der zweite große Baustein Virtueller Umgebungen (Kapitel 2.2). Sie ermöglichen die Interaktion des Anwenders mit der Virtuellen Welt und machen diese für ihn individuell erfahrbar.

2.2.2.1 Eingabesysteme

Input devices

Für nicht-immersive 3D-Anwendungen mögen die zwei Freiheitsgrade (Degrees of Freedom (DOF)) einer Standardmaus ausreichen, immersive VR-Anwendungen erfordern jedoch meist mehr als die Navigation in einer Ebene. Für den Einsatz in Virtuellen Umgebungen wurde inzwischen eine Vielzahl spezieller 3D-Eingabegeräte entwickelt. Die gängigsten sind Spaceball, Space Mouse, 6D Mouse und Datenhandschuh (Cyber Glove) (vgl. Bild 2-2).

Um eine räumliche Eingabe von Aktionen oder Bewegungen des Anwenders dem System mitzuteilen, benötigt man sogenannte Tracking-Systeme als Eingabesysteme. Tracker als Eingabegeräte weisen bis zu sechs Freiheitsgrade auf (6 DOF-Sensoren) – die räumliche Position und alle Bewegungen eines Objekts in einer Virtuellen Welt sind eindeutig durch die sechs Parameter des Raumkoordinatensystems festgelegt. Je nach VR-Einsatzbereich genügt für die Eingabegeräte jedoch die Beschränkung auf 3 DOF oder 2 DOF. So reicht es z. B. zum Begehen eines virtuellen Gebäudes aus, wenn die Anwender in eine Richtung laufen und sich um ihre vertikale Achse drehen können.

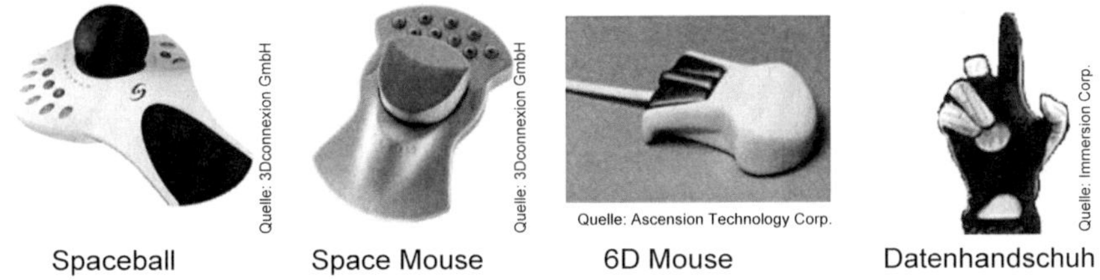

Bild 2-2: Eingabegeräte in Virtuellen Umgebungen
Input devices in virtual environments

Für Tracking-Systeme eignen sich Messverfahren, mit denen die räumliche Position und Orientierung eines frei beweglichen Senders bezüglich einer festen Quelle oder umgekehrt bestimmt werden [BAU97]. Die Messverfahren werden nach Art der Ermittlung des Positions- und Orientierungssignals in elektromagnetische, akustische, gyroskopische, optische und mechanische Systeme unterteilt. Detaillierte Beschreibungen und Erklärungen der technischen Funktionsweisen der anderen Systeme sind bei [ROE01] und [BOR94] nachzulesen.

In [DIE02], [PYP03] und [SCH05] wird jeweils eine Übersicht über die Vor- und Nachteile der einzelnen Tracking-Systeme gegeben.

Häufig werden Tracking-Systeme auch in Verbindung mit einem Datenhandschuh (Data Glove) zur Eingabe eingesetzt. Seltener, da sehr kostspielig und aufwendig, ist die Anwendung zusammen mit einem Datenanzug (Data Suit), zum Beispiel für das „Motion Tracking", bei dem ganze Bewegungsabläufe eines Menschen erfasst werden.

Tracker zählen zu den Schwachpunkten heutiger VR-Anwendungen, da sowohl Genauigkeit als auch Geschwindigkeit bei der Wiedergabe der Bewegungsabläufe des Anwenders bisher mangelhaft sind. Ein ideales System ist noch nicht gefunden, jedes Tracking-System weist Vor- und Nachteile auf. Für jede VR-Anwendung muss daher vorab festgelegt werden, welchen Anforderungen das Tracking-System gerecht werden soll, wobei in manchen Fällen ein Kompromiss eingegangen werden muss.

2.2.2.2 Ausgabesysteme

Output devices

Ausgabesysteme gehören ebenso wie die Eingabesysteme zu den Effektoren, dem zweiten großen Baustein jeder VE. Die Ausgabe in Virtuellen Umgebungen sollte im Idealfall alle Sinne des Menschen ansprechen. Da der Mensch bis zu 70 % seiner Umgebung über den visuellen Sinn wahrnimmt [HEI92], beschränken sich viele der derzeitigen VR-Anwendungen auf die Ansprache des visuellen Sinns, was für den Fokus der meisten Anwendungen ausreicht. Daneben spielt jedoch auch die akustische und haptische Ausgabe eine immer größere Rolle.

2.2.2.2.1 Visuelle Ausgabe

Visual output

Die Visualisierung dreidimensionaler Welten kann monoskopisch oder stereoskopisch erfolgen. Bei einer monoskopischen Darstellung wird die dreidimensionale Welt perspektivisch korrekt als zweidimensionales Bild in der Ebene dargestellt. Der Anwender kann seinen Blickwinkel und seine Blickrichtung individuell wählen und kann ein 3D-Objekt von allen Seiten betrachten. Der Eindruck räumlicher Tiefe ist jedoch durch eine monoskopische Darstellung nicht zu vermitteln. Der 3D-Effekt entsteht allein durch die Möglichkeit, den Blickwinkel und dadurch die dem Blickpunkt zugehörige perspektivische Darstellung zu ändern. Die monoskopische Ausgabe auf einem Bildschirm ist die übliche Darstellungsform für 3D-Computerspiele, 3D-CAD-Anwendungen, VRML-Browser und alle Pseudo-3D-Anwendungen, wie z. B. QuickTime VR [APP08]. Die Änderung des Blickwinkels steuert der Anwender hierbei über eine Maus oder die Tastatur.

Für den Einsatz in immersiven Virtuellen Umgebungen wird eine stereoskopische Darstellung der Virtuellen Welt erforderlich, die den natürlichen binokularen Seheindruck des Menschen – zumindest ansatzweise – nachzubilden versucht. Dabei muss für jedes Auge ein separates Bild berechnet und dargestellt werden. Dies erfordert zum einen den parallelen Einsatz zweier Rendering-Pipelines zur Graphikberechnung und zum anderen Systeme, die es dem Anwender ermöglichen, das jeweils richtige Bild für das richtige Auge wahrzunehmen. Will sich der Anwender in der Virtuellen Welt bewegen, ist zusätzlich ein Tracking-System notwendig, das die Änderung des Blickwinkels automatisch erfasst.

Die einfachste und wohl allgemein bekannteste Methode stereoskopischer Visualisierung ist die parallele Projektion zweier Bilder übereinander. Damit der Betrachter mit dem jeweiligen Auge nur das Bild erkennen kann, das für dieses Auge bestimmt ist, werden unterschiedliche Filter eingesetzt. Gebräuchlich sind zwei verschiedene Arten: zum einen ein Rot-Grün-Filter oder ein Polarisationsfilter, wobei erst durch den Einsatz einer Brille das Bild für das jeweilige Auge entschlüsselt werden kann [KUR08]. Der Vorteil dieser Projektionstechnik liegt vor allem darin, dass Standardprojektoren eingesetzt werden können, die mit ihrer Standardbildwiederholfrequenz arbeiten können. Allerdings werden für jede Projektionsfläche zwei Projektoren benötigt.

Im Gegensatz dazu kann mit einem anderen Verfahren die Projektion mit nur einem Projektor durchgeführt werden. Dazu wird hintereinander das Bild für das linke und das rechte Auge projiziert, wobei erst durch die Verwendung einer Shutterbrille, die abwechselnd ein Auge verdunkelt, das Bild korrekt betrachtet werden kann. Das Öffnen und Schließen dieser Shutterbrille wird mit der Frequenz des Monitors oder eines Video-Beamers synchronisiert; also wird insgesamt die doppelte Bildwiederholfrequenz benötigt, damit jedes Auge mit der Frequenz des Monitors das Bild sehen kann. Solche Anforderungen sind mit herkömmlichen Projektoren nicht standardmäßig möglich [REA08]. Bei diesem Visualisierungskonzept werden die Bilder in der Regel von hinten auf eine oder mehrere Projektionsflächen abgebildet; die Betrachter stehen hingegen vor der Projektionsfläche. In Kombination mit einer Shutterbrille und einem Tracking-System für die Position der Augen kann die virtuelle Szene stets aus der korrekten Perspektive wahrgenommen werden. Die virtuellen Objekte lassen sich allein durch Kopfbewegungen von mehreren Seiten betrachten und wirken räumlich konstant [KUH99]. Vorteilhaft ist, dass die Darstellung der Virtuellen Welt bei diesen Systemen von mehreren Personen gleichzeitig betrachtet werden kann. Das Bild ist jedoch nur für die Person perspektivisch korrekt, deren Kopfposition durch das Tracking ermittelt wird. Die anderen Personen sehen zwar auch ein 3D-Bild, jedoch meist verzerrt.

Die Zahl der Projektionsflächen reicht bei bestehenden Systemen von einer bis zu maximal sechs. Am Markt vertretene Firmen haben eigene Projektionssysteme entwickelt, die unterschiedliche Ausstattungsvarianten und Namen besitzen. Einige Begriffe konnten sich jedoch im allgemeinen Sprachgebrauch durchsetzten. So wird der Begriff „Powerwall“ für eine planare Großbild-Rückprojektion benutzt. Systeme wie das „HoloDesk“ oder die „Holobench“/„Workbench“ kombinieren eine vertikale und eine horizontale Projektionsfläche. Die Anordnung besteht aus einer Art Projektionstisch mit Rückwand, durch die ein größeres Sicht- und Aktionsvolumen möglich wird. Für ein begehbares Projektionssystem mit zwei bis maximal sechs Projektionsflächen wird der Begriff „CAVE“ (Cave Automatic Virtual Environment) verwendet. Hierbei wird oft aus Platzgründen die Bodenprojektion als Aufprojektion realisiert.

Andere Wege stereoskopischer Darstellungen sind in den Head Mounted Displays (HMD) – einer Art Helm, in dem zwei Miniaturbildschirme und ein optisches System aus Linsen eingebaut sind – verwirklicht. Bild 2-3 zeigt verschiedene Beispiele für die beschriebenen stereoskopischen Visualisierungssysteme.

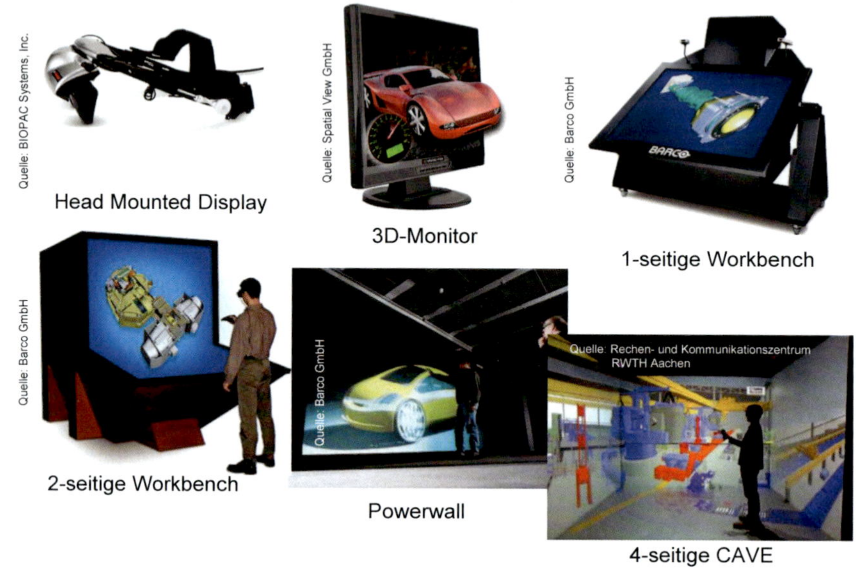

Bild 2-3: Stereoskopische Visualisierungssysteme
Stereoscopic visualisation systems

2.2.2.2.2 Haptische Ausgabe – taktile und kraftrückkoppelnde Systeme
Haptic output – tactile and force feedback devices

Neben den stereoskopischen Visualisierungssystemen kann die möglichst realistische Simulation und Ausgabe von Kräften für viele VR-Anwendungen (z. B. Montagesimulation) den Grad der Immersion erhöhen. Im Vordergrund stehen dabei Gewicht, Beschaffenheit und dynamisches Verhalten von Objekten (Gravitation, Steifigkeit) und die daraus resultierenden Kräfte, wie etwa die Rauhigkeit eines Objekts sowie Kraftwirkungen, die bei der Bewegung von Objekten oder durch die Kollision mit Objekten entstehen (Beschleunigungen, Reibung). Das Besondere an haptischen VR-Systemen ist, dass der Anwender physikalisch mit der Schnittstelle interagiert, denn das haptische VR-System ist gleichzeitig Eingabe- und Ausgabegerät.

Um den Muskelsinn des Menschen in Virtuellen Umgebungen zu befriedigen, bedarf es kraftrückkoppelnder Systeme (Force Feedback Devices). Sie sollen die Illusion einer Interaktion mit festen virtuellen Objekten erwecken. Anders als bei den vibrierenden taktilen Stimulatoren wird bei kraftrückkoppelnden Systemen aktiv eine äußere Kraft auf z. B. die Fingerspitze des Anwenders ausgeübt.

Diverse Firmen haben verschiedene kraftrückkoppelnde Systeme in den vergangenen Jahren entwickelt. Angetrieben von dem Einfluss der Spieleindustrie werden immer mehr solcher Systeme, wie etwa Force-Feedback-Joysticks und -Lenkräder, auf dem Massenmarkt verkauft. Aber auch aufwendigere, oft sehr spezielle Systeme finden steigenden Anklang (vgl. Kapitel 2.2.2.2.2). So bedient sich das Cyber Grasp System eines leichten Exoskeletts, welches über dem oben beschriebenen Cyber Glove (vgl. Kapitel 2.2.2.1) angebracht wird und Kräfte an jedem Finger ausüben kann. Der Nachteil dabei ist allerdings, dass virtuelle Objekte zwar gefühlt werden können, sie allerdings für den Anwender kein reales Gewicht besitzen. Um diesen Nachteil auszugleichen, kann das Cyber Force System eingesetzt werden, welches aus einem mechanischen Arm besteht, der am Boden bzw. Tisch und dem Handgelenk des Benutzers befestigt wird. Dieser Arm ermöglicht es, die Trägheit und das Gewicht eines virtuellen Objektes zu simulieren.

Eine Kombination aus einem Datenhandschuh (Cyber Glove) mit den Systemen „Cyber Grasp“ und „Cyber Force“ wird als „Haptic Workstation“ bezeichnet. Sie ermöglicht es, ein virtuelles Objekt im Raum zu ertasten sowie seine Trägheit und sein Gewicht wahrzunehmen.

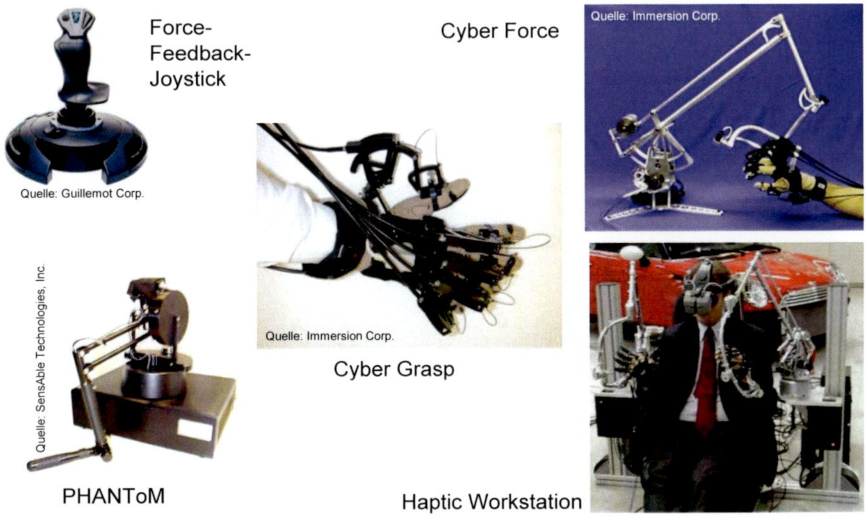

Bild 2-4: Haptische Ausgabesysteme für eine Virtuelle Umgebung
Haptic output devices for virtual environments

Ein dem „Cyber Force“ ähnliches System ist der invers betriebene Roboterarm PHANToM. Am Ende des Roboterarms kann wahlweise eine Art Fingerhut oder ein Stift befestigt werden. Im ersten Fall erfolgt die propriozeptive Rückmeldung (Kraftrückkopplung) direkt auf die Fingerspitze. Im zweiten Fall wird das Gefühl vermittelt, dass die Reaktionskräfte auf die Spitze des Stifts wirken. Der Anwender kann fühlen, wie sein Finger oder die Stiftspitze ein virtuelles Objekt berührt. Mit einem PHANToM kann je nach Ausführung eine Kraftrückkopplung in bis zu sechs Freiheitsgraden ermöglicht werden [SEN08]. Bild 2-4 zeigt solche Systeme.

2.2.2.3 Überblick über die Gesamtheit sensorischer Modalitäten

Overview of all sensorial modalities

Bisher wurden die beiden wichtigsten sensorischen Modalitäten vorgestellt, die bei VR-Anwendungen zum Einsatz kommen. Welche Sinne des Menschen in heutigen VR-Anwendungen bereits angesprochen werden können, zeigt die Tabelle 2-1 im Überblick [KRE99].

Modalität		**Empfindung**	**Organ**	**VR-Ausgabesysteme**
Visuelles Wahrnehmungssystem		Farbe, Helligkeit	Auge	HMD, Holobench, Powerwall, CAVE (i. d. R. stereoskopisch)
Auditives Wahrnehmungssystem		Tonhöhe und Lautstärke	Innenohr	Lautsprecher (Stereo, Dolby-Surround)
Vestibuläres Wahrnehmungssystem		lineare und rotatorische Beschleunigungen	Vestibulärapparat im Mittelohrbereich	Motion Plattform (z. B. Flugsimulator)
Olfaktorisches Wahrnehmungssystem		Geruch	Nasenschleimhaut	–
Geschmackswahrnehmung		Geschmack	Zungenoberfläche	–
Haptisches Wahrnehmungs-system	**Taktil**	Druck, Berührung, Vibration	Haut	Vibratorelemente, taktile Datenhand-schuhe/Joysticks
Haptisches Wahrnehmungs-system	**Kin-ästhetisch**	Stellung der Körper-teile zueinander, Bewegungen	Muskelspindeln, Bereiche der Gelenke und in den Bändern	Cyber Force, Haptic Workstation, PHANToM, (Kraftrückkopplung)
Thermisches Wahrnehmungssystem		warm, kalt, Schmerz	Haut	Thermoelemente
Schmerzwahrnehmung		Schmerz	Unspezifisch	–

Tabelle 2-1: Sensorische Modalitäten des Menschen und VR-Ausgabe

Sensorial modalities of humans and VR output devices

2.2.3 Virtuelle Welten

Virtual worlds

Virtuelle Welten oder Virtuelle Szenarien bilden den dritten Baustein jeder VR-Anwendung (Kapitel 2.2). Sie existieren nur innerhalb der VR-Programme und Datenspeicher eines Rechners, also in einer Virtuellen Umgebung.

Um eine Virtuelle Welt generieren zu können, müssen zuvor Überlegungen zu folgenden Themen angestellt werden:

- Erzeugung von Objekten in einer Virtuellen Welt
- Physikalisches Verhalten von Objekten in einer Virtuellen Welt (z. B. Interaktion)
- Graphische Umsetzung einer Virtuellen Welt in einem VR-System

Bei der Erzeugung einer Virtuellen Welt wird versucht, ein möglichst exaktes Modell der Realität zu schaffen. Eine interaktive Darstellung oder Visualisierung der Realität setzt voraus, dass die unterschiedlichen virtuellen Objekte für die entsprechende Anwendung in einem virtuellen Modell ein physikalisch korrektes Objektverhalten aufweisen. Ist einmal ein physikalisch korrektes Modell erzeugt, etwa die Kinematik einer Werkzeugmaschine, so können Funktionalitäten, die über die reine Abbildung der Realität gehen, in das Modell integriert werden (z. B. Arbeitsraumuntersuchung einer Werkzeugmaschine). Schon hier lässt sich die Vielseitigkeit der Möglichkeiten erkennen, die virtuelle Objekte mit physikalisch korrektem Verhalten bieten. Es ist daher leicht nachzuvollziehen, dass keine universelle Softwarelösung zur Erzeugung solcher Virtueller Welten auf dem Markt verfügbar ist. Neben der Erzeugung der Objekte und ihrem Verhalten ist auch die graphische Umsetzung von großer Bedeutung, da die Möglichkeit einer echtzeitfähigen interaktiven Darstellung auf Grund der Komplexität der Objekte maßgeblich von der verfügbaren Hardware abhängt bzw. durch diese eingeschränkt wird.

2.2.3.1 Erzeugung von Objekten in einer Virtuellen Welt
Implementation of objects in a virtual world

Virtuelle Welten bestehen aus einer Vielzahl von Objekten, die eine eigene Repräsentation besitzen. Das schließt sowohl Gegenstände (z. B. Maschinenbett, Ständer oder Support einer Werkzeugmaschine), eine Textausgabe in einem virtuellen Fenster bzw. in einem 3D-Menü, aber auch Hintergründe (z. B. Maschinenhalle) ein. Diese voneinander unabhängigen virtuellen Objekte können separat geladen, gespeichert oder auch über Netzwerke übertragen werden. Erzeugt werden können die Gegenstände auf unterschiedliche Weise: entweder durch die Definition in einem 3D-Beschreibungsformat wie VRML oder durch eine dynamische Generierung mittels einer Applikation oder eines Toolkits. Zu dieser dynamischen Generierung zählen auch alle Verfahren, die beispielsweise CAD-Dateien über entsprechende Schnittstellen, etwa IGES oder UNV, in eine VR-Anwendung importieren. Unproblematisch ist dies nicht: CAD-Formate sind parametrische Formate, während es sich bei 3D-Beschreibungsformaten um polygonale Formate handelt. Die Konvertierung von parametrisch zu polygonal erfolgt in der Regel nicht fehler- und verlustfrei. CAD-Daten sind zudem meist für einen Import in eine VR-Anwendung zu detailliert bzw. zu umfangreich. Vor einer Visualisierung des aus der CAD-Datei generierten Objekts muss deshalb eine Polygonreduktion oder die Eliminierung von Details wie z. B. Phasen, Rundungen und kleineren Bohrlöchern durchgeführt werden. Mögliche für diese Arbeit relevante Reduktionsverfahren werden in Kapitel 5.1 vorgestellt.

2.2.3.2 Physikalisches Verhalten von Objekten in einer Virtuellen Welt
Physical behaviour of objects in a virtual world

In einer Virtuellen Welt können theoretisch alle Prozesse und Effekte implementiert werden, die in der realen Welt bekannt sind und die sich in mathematische Gleichungssysteme fassen lassen und berechnet werden können. In der Praxis scheitert dies jedoch bisher in vielen Fällen an Berechnungsalgorithmen, die entweder zu ungenau oder auf den zur Verfügung stehenden Rechnern nicht echtzeitfähig umzusetzen sind. Ein Beispiel hierfür sind plastische und elastische Verformungen virtueller Objekte. Die vollständige Echtzeit-FE-Berechnung, -Analyse und -Visualisierung einer Werkzeugmaschine in einer Virtuellen Umgebung ist aus den genannten Gründen in absehbarer Zukunft nicht möglich.

Bereits weniger komplexe Ereignisse, wie etwa die Kollision eines starren Körpers mit einem Hindernis, bereiten der realistischen Simulation in einer VR Probleme. Ein einfaches Beispiel ist das Berühren eines Werkzeugs mit dem Werkstück. Der Anwender erwartet eine Rückmeldung, die idealerweise der aus der Realität gewohnten Rückmeldung entspricht: Berührt das Objekt die Fläche, wird die Bewegung in ihren Freiheitsgraden eingeschränkt und die Ablagefläche leistet Widerstand in Form einer Gegenkraft. Das Objekt kann nun nur noch auf der Fläche verschoben oder wieder von dieser entfernt werden. Eindringen in die Fläche kann bzw. sollte es nicht – es sei denn, es ist explizit gewollt, wie etwa bei einem Fräser. Viele VR-Anwendungen reagieren auf eine solche Kollision damit, dass sie die Bewegung ‚einfrieren'. Das Objekt verharrt so lange unverändert in seinem Zustand, bis der Anwender die Kollision wieder aufhebt. Einige Anwendungen stellen die Berührungskräfte auch visuell durch Kraftpfeile dar [BUC96]. Das virtuelle Wiedergeben physikalisch korrekten Verhaltens, wie etwa das Zurückspringen, Abgleiten oder Abrollen zweier Objekte auf ihren Berührungsflächen oder entlang ihrer Berührungslinie, bei der Gegenkräfte oder Roll-, Gleit- oder Haftreibungskräfte auftreten, erfordert ein physikalisches Modell, das sowohl die geometrischen als auch die physikalischen Parameter berücksichtigt [BUC96].

Zahlreiche kommerzielle und nicht-kommerzielle Programme und Bibliotheken können diese physikalischen Parameter erzeugen. Ein wichtiges Kriterium zur Unterscheidung dieser Systeme liegt in ihrer jeweiligen Zielsetzung. So lassen sich primär zur Durchführung wissenschaftlicher Berechnungen eingesetzte Systeme von solchen unterscheiden, die vornehmlich der echtzeitfähigen Interaktion dienen. Die Berechnung der Kinematik ist in vielen Fällen nur ein Element des Funktionsumfangs erstgenannter Systeme; diverse weitere physikalische Berechnungen können von diesen Systemen ebenfalls berechnet werden. Als Lösungen der kommerziellen Anbieter sind beispielsweise Simpack von Intec [SIM08], MSC.Adams von MSC.Software [MSC08] sowie RecurDyn von FunctionBay [FUN08] zu nennen. Die Implementation von Gelenken und Einschränkungen ist in diesen Systemen entweder direkt oder durch zusätzliche Bibliotheken gewährleistet. Es existieren zwar Methoden zum Export der durchgeführten Berechnungen als Animation, eine direkte Interaktion in Echtzeit ist jedoch auf Grund der hohen Laufzeit nicht realisierbar. Viele Gemeinsamkeiten weisen diese Systeme im Funktionsumfang auf. Im Bereich der Dynamik unterscheiden sie sich insbesondere durch die jeweilige Formulierung der Bewegungs- und Einschränkungsgleichungen sowie durch das verwendete Lösungssystem für die auftretenden Differentialgleichungen. Die fehlende Existenz standardisierter Benchmarks erschwert dabei noch eine vergleichende Bewertung.

Für Bewegungssimulationen, die hinsichtlich der Echtzeitfähigkeit des Systems optimiert sind, existieren ebenfalls zahlreiche, auch nicht-kommerzielle Lösungen. Als wichtige kommerzielle Anwendungen sind Havok [HAV08] und Vortex von CMLabs [CML08] zu nennen. Das Einsatzgebiet von Havok liegt primär im Bereich der Physiksimulation in Entertainmentprodukten, während Vortex vor allem auf die Bereiche Virtuelle Realität und interaktive

Simulatoren spezialisiert ist. Entsprechend den oben genannten Simulationswerkzeugen existieren auch hier nur wenige Informationen über die jeweilige Funktionsweise. Der Funktionsumfang ist jedoch mit den in Kapitel 6.2.1 beschriebenen Funktionen von „Open Dynamics Engine" (ODE) [SMI08] vergleichbar. Nicht-kommerzielle Mehrkörpersimulationsprogramme liegen im Echtzeitbereich in großem Umfang vor. Eine Übersicht über solche Systeme findet sich in [TRI08].

Auf Grundlage solcher Systeme werden Informationen gewonnen, mit denen deutlich mehr als das realitätsnahe, physikalisch korrekte Objektverhalten dargestellt werden kann. Ein Beispiel hierfür ist eine Schwachstellenanalyse von Strukturbauteilen und Standardbauteilen wie Führungen und Antrieben (s. Kapitel 2.3) oder die Evaluierung des Arbeitsraums einer Werkzeugmaschine. Bei diesen Beispielen können zu dem realitätsnahen Verhalten auch Simulationsergebnisse in die Virtuelle Welt integriert werden.

Die Berechnung des Arbeitsraums von Werkzeugmaschinen ist Thema einer Vielzahl aktueller Arbeiten. Ist die Berechnung des Arbeitsraums einer seriellen Kinematik vergleichsweise einfach, so kann sich die Untersuchung des Bauraums einer Parallelkinematik als wesentlich komplexer erweisen. Zur analytischen Arbeitsraumberechnung existieren zahlreiche Publikationen, die sich allerdings zumeist mit der Kinematik eines speziellen Systems befassen (z. B. [GOS96] oder [CON09]). Eine Anwendung solcher analytischer Ansätze auf allgemeine physikalische Systeme oder Maschinen ist nicht generell zu realisieren.

Von kommerziellen Anbietern werden auf den eigentlichen Simulationen aufbauende Werkzeuge angeboten, die eine Arbeitsraumevaluierung zumindest teilweise ermöglichen. So stellt FunctionBay für die RecurDyn-Simulationssoftware ein sogenanntes Control Kit bereit, das eine programmierte Bewegungsfolge des Modells gewährleistet [FUN08] und daher zur Suche verwendet werden kann. MSC.Software bietet mit seinem Programm Mechanism/Pro [MSC08] – welches auf der hauseigenen MSC.Adams Simulation aufsetzt – ein weiterreichendes Werkzeug an. Es soll ermöglichen, Bewegungspfade zu evaluieren, Interferenzen oder Kollisionen zu erkennen sowie die Hülle des Arbeitsraums zu berechnen. Allerdings ist auch diese Lösung nicht interaktiv und kann auf Grund der nicht verfügbaren Dokumentation nicht weiter bewertet werden.

Eine andere Lösung zur Arbeitsraumbestimmung stammt von Bianchi [BIA09] und basiert ebenfalls auf einer Exploration mittels Simulation, die in diesem Fall mit Hilfe von MSC.Adams berechnet wird. Dieses System ist speziell für Parallelkinematiken optimiert, verfügt aber nicht über Importfunktionen für bestehende Modelle. Echtzeitfähigkeit bzw. Interaktion mit dem Ziel einer manuellen Exploration der Kinematik ist auf Grund der verwendeten Simulationsbibliothek auch bei diesem System nicht möglich. Die Realisierung des eigentlichen Suchalgorithmus beruht auf einer Diskretisierung des Bauraums mit einer anschließenden Erreichbarkeitssuche der diskreten Zustände.

Keine der genannten Anwendungen ist folglich für die interaktive Darstellung in 3D-Umgebungen geeignet. Es liegen jedoch spezialisierte Anwendungen vor, die der interaktiven Steuerung speziell angepasster Modelle dienen [JER01]. Hierbei kann mit Hilfe eines Flightsticks oder einer Spacemaus das Modell beeinflusst werden. In der vorliegenden Arbeit sollen diese intuitiven Steuerungsmöglichkeiten ohne weitere Anpassungen für beliebige Kinematiken zugänglich gemacht werden.

Zusammenfassend kann festgehalten werden, dass die physikalische Simulation mechanischer Systeme nicht neu, deren Übertragung auf VR-Anwendungen allerdings problematisch ist. Dies bezieht sich vor allem auf den Anspruch der Echtzeitfähigkeit, aber auch auf eine gelungene Anbindung der momentan in VR-Anwendungen eingesetzten Benutzerschnittstellen [BUC96].

2.2.3.3 Graphische Umsetzung einer Virtuellen Welt in einem VR-System

Graphical realisation of a virtual world in a VR system

Die Computergraphik stellt ein wesentliches Werkzeug bei der Modellierung Virtueller Welten dar, da sie die Daten für die visuelle Ausgabe erzeugt. Dabei werden die dreidimensionalen Objekte aus Polygonnetzen oder auch Polygonen zusammengesetzt, die die allgemeinste Form zur Beschreibung von Flächen darstellen. Durch geeignete Triangulationsverfahren, wie sie in Kapitel 4.6 beschrieben werden, können Flächen mit beliebiger Knotenanzahl in Dreiecksnetze überführt werden.

Zur Darstellung dieser Polygone (Rendering) muss geprüft werden, ob ein Polygon durch ein anderes überdeckt wird (Z-Buffering) und ob bzw. wie sich Polygone überschneiden (Kollisionserkennung). Danach kann ein Schattierungsalgorithmus (Shading) die Helligkeit der Oberflächen entsprechend einer Beleuchtungssituation berechnen. Das Z-Buffering ist ein Sortieralgorithmus, der die Koordinaten der einzelnen Polygone ihrer Position in Z-Richtung (orthogonal zur Bildebene) nach ordnet und in einem Speicher, dem Z-Buffer, ablegt. Der Schattierungsalgorithmus sorgt für eine Darstellung der Polygone von hinten nach vorne, wodurch Polygone, die ganz oder teilweise verdeckt sind, automatisch überschrieben werden. Überschneiden bzw. durchdringen sich Polygone, müssen die Schnittpunkte mit einem Kollisionserkennungsalgorithmus berechnet und die Polygone entlang der Schnittlinie getrennt werden [NOR06].

Vor allem die Kollisionserkennung und das Schattieren erfordern einen hohen Rechenaufwand. Der dreistufige Renderingprozess aus Z-Buffering, Kollisionserkennung und Shading begrenzt die Leistungsfähigkeit der Graphikhardware auf eine bestimmte Anzahl von Polygonen pro Sekunde. Da diese Anzahl nicht überschritten werden sollte, damit eine flüssige Visualisierung möglich ist, wird seit mehr als zehn Jahren intensiv an Verfahren zur Vereinfachung von Polygonnetzen geforscht. Die verschiedenen bislang entwickelten Algorithmen verfolgen dabei teilweise sehr unterschiedliche Zielsetzungen. Es gibt zahlreiche Kriterien, nach denen ein Algorithmus gestaltet respektive optimiert werden kann und muss. Dazu zählen u. a. Geschwindigkeit, Zeitkomplexität, Speicherkomplexität und Qualität der Approximation [ERI96].

Zudem unterscheiden sich die verschiedenen Verfahren in den Voraussetzungen, die für eine Anwendung erfüllt sein müssen: Sowohl die Beschaffenheit des zu vereinfachenden Netzes als auch die Anforderungen an das reduzierte Netz sind hier von Bedeutung. Ein in jeder Hinsicht optimales Verfahren existiert somit bisher nicht.

Jede Reduktion verursacht einen Verlust an Information, wobei das grundsätzliche Bestreben darin besteht, dass das reduzierte Netz dem Originalnetz möglichst ähnlich ist und Abweichungen optisch wenig auffallen. Um diese Differenz mathematisch zu berechnen, existieren verschiedene Verfahren, die sogenannten Fehlermetriken, die in Kapitel 2.2.3.3.2 und 5.4.1 genauer erläutert werden.

Zunächst sind für die näheren Ausführungen jedoch einige Begriffe zu definieren:

- Mannigfaltigkeit und Nicht-Mannigfaltigkeit von Netzen
- Besonderheiten von Netzen (Randkanten, Merkmalkanten etc.)
- Topologieänderung eines Netzes
- Fehlermetriken

Weitere Überblicke über das Themengebiet bieten folgende Artikel: [COH09], [CIG98], [GAR99a], [LUE01], [PUP97].

2.2.3.3.1 Spezifikation von Netzen
Mesh specification

Grundsätzlich kann bei Netzen zwischen mannigfaltigen und nicht-mannigfaltigen unterschieden werden. Ein Netz wird dann als mannigfaltig bezeichnet, wenn alle Dreiecke in einer Ebene liegen. Folglich treffen in einem mannigfaltigen Netz maximal zwei Dreiecke an einer Kante aufeinander, und jedes Dreieck teilt eine Kante mit genau einem anderen Dreieck. In einem mannigfaltigen Netz mit Rand(-kanten) ist es außerdem erlaubt, dass eine Kante zu nur einem Dreieck gehört [ZIL08].

Der Zusammenhang ist in Bild 2-5 illustriert: Im Bild oben wird ein mannigfaltiges Netz mit Randkanten gezeigt, unten eine nicht-mannigfaltige Kante mit drei angrenzenden Dreiecken sowie ein weiteres Beispiel für eine nicht-mannigfaltige Geometrie: zwei Ebenen aus jeweils vier Dreiecken, auf denen ein weiteres Dreieck steht.

Von Bedeutung ist die Unterscheidung im Werkzeugmaschinenbau etwa bei Maschinengestellen. Bei der Vernetzung einer Fläche wie beispielsweise einem einfachen Blech mit Schalenelementen entsteht ein mannigfaltiges Netz. Es wird allerdings nicht-mannigfaltig, wenn z. B. eine Rippe auf ein Blech modelliert wird oder wenn ein Rigidelement mit einem einfachen Knoten im Netz verbunden wird.

Neben der Unterscheidung von Netzen in mannigfaltige und nicht-mannigfaltige müssen auch Kanten bzw. Knoten gesondert spezifiziert werden. Grundsätzlich lassen sich Kanten bzw. Knoten in eine der fünf folgenden Kategorien einordnen:

- Einfache Knoten
- Komplexe Knoten
- Randkanten/auf einer Randkante liegende Knoten
- Merkmalkanten/zu einer inneren (Merkmal-)Kante gehörende Knoten
- Eckknoten

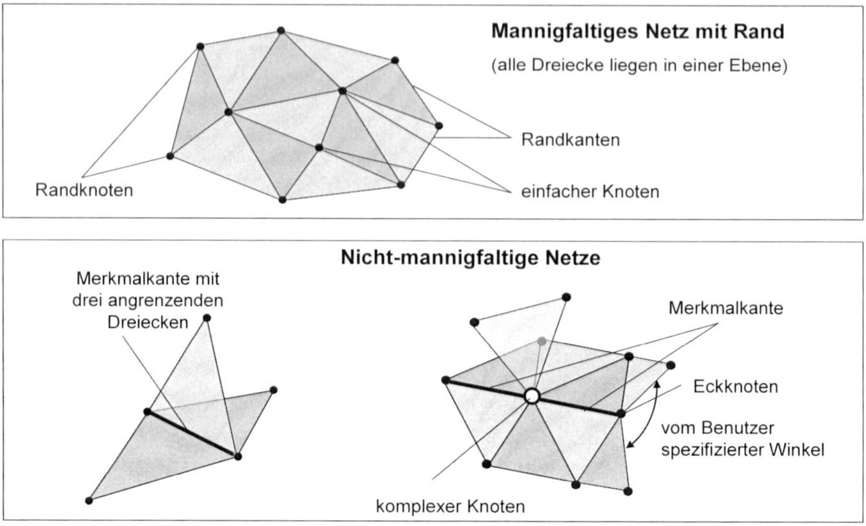

Bild 2-5: Mannigfaltige und nicht-mannigfaltige Netze
Manifold and non-manifold meshes

Die einzelnen Kanten- bzw. Knotentypen werden ebenfalls an den Beispielen in Bild 2-5 gezeigt. Im ersten und häufigsten Fall gilt ein Knoten als einfach genau dann, wenn alle an den Knoten grenzenden Kanten zu genau zwei Dreiecken gehören und die um den Knoten liegenden Dreiecke einen vollständigen, geschlossenen Zirkel (fan) bilden. Einfache Knoten liegen daher in mannigfaltigen Netzen. Falls eine angrenzende Kante zu mehr als zwei Dreiecken gehört oder wenn sie zu einem Dreieck gehört, welches nicht Teil des geschlossenen Zirkels um den Knoten ist, so liegt Nicht-Mannigfaltigkeit vor (Bild 2-5 unten), und der betreffende Knoten wird als komplex charakterisiert. Ein einfacher Knoten, dessen umgebender Dreieckszirkel nicht geschlossen ist, wird als Randknoten identifiziert. Zusätzlich können die einfachen Knoten noch weiter unterschieden werden durch Betrachtung der einzelnen Winkel, die die Normalen zwischen zwei jeweils nebeneinander liegenden, zum umliegenden Zirkel des Knotens gehörenden Dreiecke zueinander bilden. Falls dieser Winkel größer als ein vom Benutzer spezifizierter Wert ist, so liegt zwischen den beiden Dreiecken eine Merkmalkante (feature edge) vor (Bild 2-5 unten rechts). Merkmalkanten sind von besonderer Bedeutung, wenn z. B. eine Netzreduktion einer gewölbten Fläche vorgenommen wird. Ist der Winkel kleiner als der vom Benutzer gewählte Wert, so wird das Netz intern als mannigfaltig abgelegt und weiter reduziert, bis der Wert des Winkels größer ist. Ist dies der Fall, so entstehen Merkmalkanten, die gesondert behandelt werden können. Ein Knoten, an den genau zwei solcher Merkmalkanten stoßen, wird als innerer Knoten bezeichnet, ein Knoten, an den eine, drei oder mehr Merkmalkanten stoßen, als Eckknoten.

Bei der Netzreduktion ist neben den oben erwähnten Eigenschaften von Netzen auch die Möglichkeit einer Topologieänderung eines Netzes von Bedeutung. Der Begriff „Topologie" bezieht sich bei der Betrachtung von Netzen auf die Beschaffenheit der zusammenhängenden Netzstruktur. Dabei bezeichnet das Genus die Anzahl der Löcher eines Netzes. Beispielsweise besitzt der in Bild 2-6 gezeigte Flansch vier Befestigungsbohrlöcher, eine Nut sowie eine Nabe. Daher ist das Genus sechs. Für die Klassifikation der unterschiedlichen Algorithmen zur Vereinfachung von Netzen gilt als ein wesentliches Kriterium die Frage, ob die Algorithmen die Topologie eines Netzes im Laufe der Vereinfachung prinzipiell erhalten oder auch eine Änderung wie das Schließen von Löchern und somit die Änderung des Genus erlauben. Die Löcher und Rundungen in dem Flansch werden zunächst gröber in ihren geometrischen Details und werden schließlich geschlossen und zu einem einfachen Objekt mit dem Genus eins (Nabe) verschmolzen [LUE01].

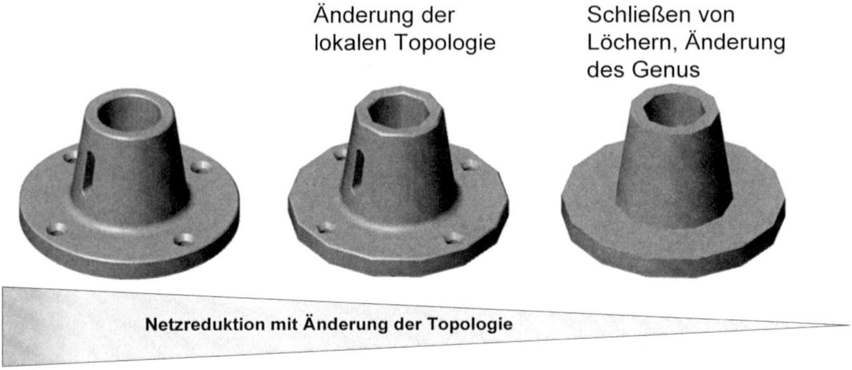

Bild 2-6: Drastische Vereinfachung durch Änderung der Topologie des Netzes
Heavy mesh reduction with change of topology

Häufig wird mit dem Begriff „lokale Topologie“ auch die Konnektivität, also die Verbindungen der einzelnen Knoten durch Kanten in der unmittelbaren Nachbarschaft eines Knotens, einer Kante oder eines Dreiecks, bezeichnet.

2.2.3.3.2 Fehlermetriken
Error metrics

Bei der Vereinfachung eines Netzes ist neben der Reduktion der Knoten- und Dreiecksanzahl ein wichtiges Ziel, dass der Unterschied bzw. Fehler möglichst gering bleibt, der zwischen dem Original und dem vereinfachten Netz entsteht. Damit er berechnet werden kann, wird ein Maß für den Fehler benötigt. Dafür eignen sich Metriken, die eine Abweichung im Erscheinungsbild der beiden Netze erfassen können [COH98], [LIN00].

Besonders einfache Metriken berechnen den Fehler nicht im Sinne der tatsächlichen geometrischen Abweichung zwischen zwei Approximationsstufen, sondern verwenden einfache Suchmethoden, sogenannte Heuristiken, um den möglichen Fehler jedes Reduktionsschrittes abzuschätzen. Als Kriterium für den Fehler wird der Winkel zwischen angrenzenden Flächenstücken, die Länge einer Kante oder die lokale Krümmung der Fläche herangezogen. Gute Ergebnisse mit einer vergleichsweise einfachen Metrik erzielt ein von Melax entwickeltes Reduktionsverfahren [MEL98], das im Hinblick auf seinen Einsatz in der Spieleentwicklung für sehr hohe Geschwindigkeiten ausgelegt wurde: Für die Abschätzung des Fehlers, der durch einen Reduktionsschritt entsteht, werden nur die Länge der zu entfernenden Kante und die Normalen der betroffenen Dreiecke berücksichtigt.

Genauere Metriken, die die geometrische Distanz erfassen, lassen sich in global und lokal operierend unterteilen. Für die Evaluation des Fehlers ziehen lokale Metriken nur die Abweichung zwischen jeweils zwei aufeinander folgenden (d. h. Netze, die sich nur durch die Durchführung eines Reduktionsschrittes unterscheiden) Approximationsstufen heran, während global operierende Methoden den jeweiligen Fehler immer in Bezug auf das Originalnetz ermitteln. Lediglich Verfahren, die eine globale Metrik verwenden, können das Einhalten einer maximalen Abweichung zwischen einer beliebigen Approximation und dem Original garantieren. Bei lokalen Metriken kann sich der Fehler und somit die Gesamtabweichung der Approximation im Laufe der Reduktion unbegrenzt summieren, auch wenn in jedem einzelnen Reduktionsschritt der Fehlerwert jeweils einen bestimmten Fehlerschwellenwert nicht überschreitet.

Fehlermetriken und ihre Algorithmen werden in den verschiedenen Abschnitten in Kapitel 5.1 eingehender untersucht.

Für die Visualisierung einer Virtuellen Welt ist es von Bedeutung, in welchem Datenformat die Ausgangsdaten der einzelnen Objekte vorliegen. Dabei ist es entscheidend, ob eine Topologieänderung für eine entsprechende Reduktion zulässig ist und ob die Polygonnetze mannigfaltig oder nicht-mannigfaltig sind. Die Auswahl eines geeigneten Reduktionsverfahrens bzw. einer geeigneten Fehlermetrik ist darüber hinaus auch von der jeweiligen Applikation und den entsprechenden Zusatzrandbedingungen abhängig, wie etwa bei der Frage, ob Verformungs- und Spannungsinformationen bei der FE-Netzreduktion berücksichtigt werden sollen. Auf diese Randbedingungen wird in den Kapiteln 5.3 und 5.4 weiter eingegangen.

2.3 Der integrierte Konstruktionsarbeitsplatz für Werkzeugmaschinen

The integrated design workspace of machine tools

Die technischen Grundlagen zur Erzeugung einer Virtuellen Umgebung sind in den vorangegangenen Kapiteln vorgestellt worden. Es ist ersichtlich geworden, dass derzeit keine universalen Softwarepakete zur Verfügung stehen, mit denen beliebige Problemstellungen bearbeitet werden können. Im Rahmen dieser Arbeit soll das Konzept eines integrierten Konstruktionsarbeitsplatzes für Werkzeugmaschinen, wie er in [DAM04], [WEC00b] beschrieben wird, als Grundlage genutzt werden, um seine Objekte, sein Objektverhalten sowie seine graphische Aufbereitung in eine Virtuelle Welt zu überführen. Diese Virtuelle Welt erlaubt dann in einer beliebigen Virtuellen Umgebung, z. B. auf einer Holobench oder in einer CAVE, die interaktive Visualisierung und Analyse von Werkzeugmaschinenmodellen und unterschiedlichsten Simulationsergebnissen.

Bei der Entwicklung des integrierten Konstruktionsarbeitsplatzes wurde ein CAD-System mit verschiedenen Berechnungsprogrammen, wie z. B. zur Auslegung von Führungen, Spindel-Lager-Systemen und Vorschubantrieben, so vernetzt, dass ein ständiger Datenaustausch zwischen den verschiedenen Systemen vorgenommen werden kann. Dadurch wurde insbesondere die automatische Ableitung der Berechnungsmodelle aus der CAD-Geometrie und darauf aufbauend auch die Aktualisierung der CAD-Geometrie an die in den Berechnungsmodellen vorgenommenen Änderungen ermöglicht. Als Berechnungsmodelle dienen FE-Modelle, in denen die Koppelstellen wie Führungen und Antriebe durch Federelemente beschrieben werden. Weiterhin werden MKS-Modelle zur Auslegung und Optimierung der Antriebe und zur Simulation des Bewegungsverhaltens anhand einer vorgegebenen Verfahrbewegung, etwa eines NC-Programms, genutzt. Letztlich sollte der Konstrukteur in der Lage sein, Verformungs- und Spannungsanalysen einer Werkzeugmaschine durchzuführen, ohne auf die Hilfe eines erfahrenen Berechnungsingenieurs angewiesen zu sein [DAM04].

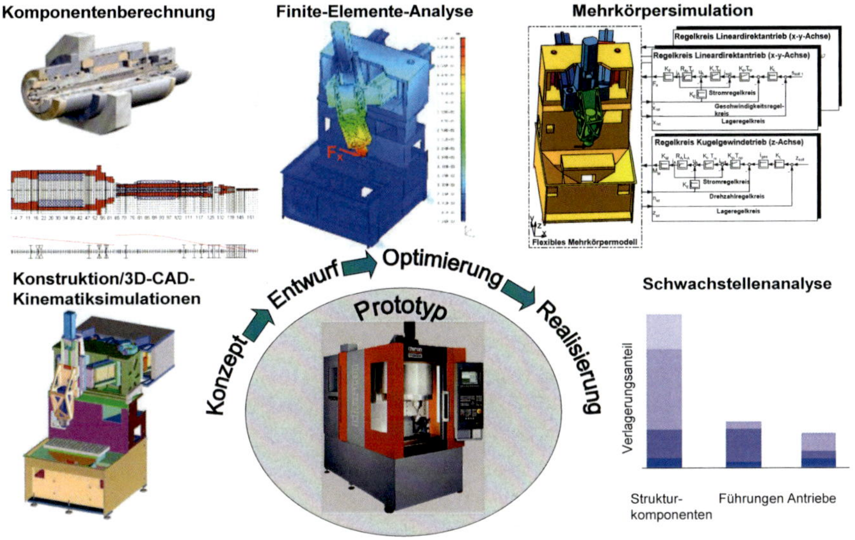

Bild 2-7: Konstruktionsarbeitsplatz
Design workspace

Softwaretools für die Ergebnisinterpretation dieser Analysen ermöglichen dem Konstrukteur, Schwachstellen einer Werkzeugmaschine genau zu lokalisieren. Dabei sind sowohl Standardelemente wie Führungen und Antriebe als auch Gestellbauteile Ausgangspunkt möglicher Optimierungen. Zur Modifizierung der Standardbauteile ist der kontinuierliche Datenaustausch innerhalb des integrierten Konstruktionsarbeitsplatzes erforderlich. Hierzu wurde eine rudimentäre Vernetzung von CAD- und FE-System mit einer Standardteil-Datenbank realisiert. Gestellkomponenten können mit separaten Tools, z. B. zur Wandstärkenoptimierung, verbessert werden.

Der beschriebene Konstruktionsarbeitsplatz zeigt somit Möglichkeiten auf, wie durch Software-Integration das Entwickeln einer Werkzeugmaschine effizienter gestaltet und somit die Produktentwicklungszeit reduziert wird.

Eine zusätzliche Vereinfachung und Erweiterung ist die Integration des Konzeptes des Konstruktionsarbeitsplatzes in eine Virtuelle Umgebung, wie es mit Hilfe der Ergebnisse dieser Arbeit möglich sein wird.

2.4 VR-Forschungsvorhaben

Research projects in VR

Nachdem bisher die technischen Grundlagen für Arbeiten in einer Virtuellen Umgebung vorgestellt worden sind, soll im Folgenden ein grober Überblick über die abgeschlossenen und derzeitigen Forschungsprojekte bezüglich dieser Thematik gegeben werden. Zum einen soll ein kurzer Blick auf die großen nationalen und internationalen VR-Forschungsvorhaben geworfen werden, zum anderen werden gesondert VR-Projekte vorgestellt, die einen Schwerpunkt auf die Interaktion mit Finite-Elemente-Daten legen.

2.4.1 Allgemeine VR-Forschungsvorhaben

General research projects in VR

Die Anzahl der VR-Anwendungen wächst ständig. So wird Virtual Reality heute häufig beispielsweise auf Industriemessen für Marketing- und Showeffekte eingesetzt. Aber auch im Bereich von Konstruktion und Entwicklung wird zunehmend VR in der Automobilindustrie verwendet, um die CAD-Daten aus der Konstruktion auf ihre Ästhetik hin zu überprüfen [SCH98], [SCH99]. Dabei evaluieren Designer und Entscheidungsträger verschiedene Modelle in der VR und führen die Ergebnisse in den Konstruktionsprozess zurück.

In ersten Ansätzen werden in der Automobilindustrie auch Simulationsergebnisse wie etwa Strömungen (virtueller Windkanal) visualisiert [ZAC98]. Des Weiteren werden FE-Simulationen, z. B. Crashtests, visualisiert und in der CAVE begutachtet [SCH02], [KUS02]. Hierbei wird explizit eine Reduktion der Polygonzüge erwähnt.

In verschiedenen Projekten werden darüber hinaus Montageplanungen und Robotersimulationen in einer Virtuellen Umgebung dargestellt und untersucht [BUC98], [GOM99]. Die Aufgaben reichen von der Ermittlung von Montagezeiten bis hin zur kompletten Simulation einer Fertigungsstraße.

Am Rechen- und Kommunikationszentrum der RWTH Aachen wurde in Kooperation mit dem Lehrstuhl für Technische Informatik ein System zur interaktiven Montagesimulation in Virtuellen Umgebungen entwickelt, welches dem Benutzer sowohl einen realistischen Eindruck des Verhaltens virtueller Bauteile als auch eine situationsabhängige Unterstützung während der Durchführung von Manipulationsaufgaben vermittelt [STE98a], [STE98b], [STE99]. Die Benutzerakzeptanz und -leistung wird hierbei über eine Kombination aus echtzeitfähiger physikalisch-basierter und regelbasierter Modellierung, künstlichen Support-Mechanismen und multimodalen Interaktionstechniken (visuell, akustisch und haptisch) signifikant erhöht.

In einem gemeinsamen Projekt des Aachener Rechen- und Kommunikationszentrums, des Instituts für Bildsame Formgebung und der SMS Demag AG wurde die virtuelle Darstellung einer Gießwalzanlage untersucht [REI00]. Der Schwerpunkt der Arbeit liegt auf der Darstellung von Konstruktionsdaten einer Gießwalzanlage inklusive der Fabrikgebäude in einer Virtuellen Umgebung. Hierbei wurde die Anzahl der Polygone des Gießwalzanlagemodells so weit reduziert, dass sie interaktiv visualisiert werden konnte. Teile der Anlage wurden animiert, um den Ablauf der Herstellungsprozesse darzustellen. Von einem Gesamtmodell der Gießwalzanlage kann über eine Menüstruktur in Untermodelle von Teilbereichen der Anlage verzweigt werden, die in einer zweiten Hierarchiestufe detailliert betrachtet werden können. Auf der dritten Hierarchiestufe werden Ergebnisse einer FEM-Simulation des Walzprozesses dargestellt. Der Fokus der Arbeiten liegt auf der Nutzung des Modells zu Demonstrations- und Marketingzwecken sowie zum technischen Training [KOP03].

An der Universität Stuttgart wurde im Oktober 1994 der Sonderforschungsbereich (SFB) 374 „Entwicklung und Erprobung innovativer Produkte – Rapid Prototyping“ eingerichtet. Hauptziel des SFB 374 war es, durch grundlagenorientierte Forschung und durch praxisorientierte Untersuchungen neue Lösungsansätze sowie Methoden und Werkzeuge für eine ganzheitlich optimierte Produktentwicklung zu erarbeiten. Ein weiterer inhaltlicher Schwerpunkt ist die Entwicklung von Verfahren zur schnellen Erzeugung virtueller, physischer und hybrider Prototypen sowie die Bereitstellung organisatorischer Grundlagen und geeigneter Kommunikations- und Kooperationsmöglichkeiten [SFB03], [HOE08a].

Im Rahmen des Teilprojekts D2 „Simulation and Visualization of Technical-Physical Processes“ wurde die Simulationssoftware COVISE und die zugehörige VR-Ergänzung COVER entwickelt. Bei COVISE handelt es sich um eine erweiterbare, verteilte Software-Umgebung, die supercomputerbasierte Simulationen, Postprocessing-Visualisierung und kooperatives Arbeiten nahtlos verbindet [HOE08b]. COVER ist dabei ein integraler Teil von COVISE. Diese VR-Erweiterung dient der Anbindung spezieller VR-Eingabe- und -Ausgabesysteme [HOE08c] und wurde später weiterentwickelt unter dem Namen ICE-R geführt. Sie besteht aus folgenden drei Bereichen:

- Kommunikation der eigentlichen VR-Umgebung mit den verteilten Applikationsmodulen (z. B. den Simulationen auf einem Hochleistungsrechner);
- Kommunikation der VR-Umgebungen untereinander, im Falle kooperativen Arbeitens auf verschiedenen Hostrechnern;
- Skalierbarkeit: Es sollen zeitgleich sowohl immersive High-End-VR-Umgebungen (z. B. eine CAVE mit Datenhandschuh) als auch herunterskalierte Versionen (Darstellung auf einem Monitor, Navigation mit einer Maus) bedient werden [RAN97].

Eine Laserhärtesimulation DIABOLO wurde vom Institut für Strahlwerkzeuge der Universität Stuttgart (IFSW) im Rahmen des Sonderforschungsbereichs 374 „Rapid Prototyping“ realisiert. In der Metalloberflächenbearbeitung wird heute häufig der Laserstrahl zur definierten und selektiven Härtung von Bauteilen eingesetzt. Am IFSW wurde ein FEM-Simulationscode (DIABOLO) entwickelt, der es erlaubt, den Härtegrad von rotationssymmetrischen Bauteilen abhängig von einer Vielzahl relevanter Parameter wie Laserleistung, Materialeigenschaften usw. vorherzusagen. Bei der Visualisierung steht das Finden von nicht durchgehärteten Zonen im Bauteil im Vordergrund [RAN97], [RAN98]. Die Simulationssoftware DIABOLO wurde dabei vollständig in das COVISE-Datenmanagement integriert, das die VR-Umgebung an den Hochleistungsrechner des Höchstleistungsrechenzentrums der Universität Stuttgart (HLRS) ankoppelt. Zur interaktiven Steuerung der Simulation können Parameter wie z. B. Materialeigenschaften eingestellt werden. Es wurde ebenfalls eine verteilte Anwendung zwischen den (lokal getrennten) Projektpartnern implementiert. Ingenieure am IFSW und am HLRS können so gemeinsam über die Anwendung diskutieren. Am IFSW wurde dazu eine Desktop-Version von COVER eingerichtet, eine einfache, mit einer Maus zu steuernde 3D-Visualisierung, am HLRS erfolgte zeitgleich eine immersive Darstellung in einer CAVE.

Im Herbst 1995 wurde das Esprit-Projekt 7704 AIT (Advanced Information Technologies in Design and Manufacturing) zur Untersuchung von Einsatzmöglichkeiten der VR-Technologie im Bereich der Montage ins Leben gerufen [ESP08]. Im Rahmen des AIT-Projektes wurde bei BMW in enger Zusammenarbeit mit dem schwedischen VR-Systementwickler Prosolvia Clarus AB die virtuelle Montage eines Türschlosses und eines Fensterhebers in eine Fahrzeugtür verwirklicht. Als Ausgangsdaten für die Oberflächenmodelle standen NURBS-Files aus CATIA zur Verfügung. Für das Arbeiten in einer VE mussten diese Daten zunächst in ein echtzeitfähiges Polygonmodell umgewandelt werden. Dazu wurden die Oberflächenmodelle in einem ersten Schritt in ein IGES-Format exportiert. Die IGES-Files wurden dann in ein spezielles Programm (CAD Real Time Link von Prosolvia Clarus AB) eingelesen, das mittels verschiedener Triangulations-Algorithmen und LOD-(Level of Detail-)Methoden das Polygonmodell erstellte. Die Volumenmodelle des Türschlosses und des Fensterhebers (CAD-Files) wurden mit Hilfe der Software ViW (Virtuelle Werkstatt) der Tecoplan Informatik GmbH aufbereitet. ViW konvertierte die bestehenden CAD-Daten zunächst in Voxel und exportierte diese Daten dann als Polygonmodell. Die Umgebung, z. B. der virtuelle Arbeitsplatz und Objekte, von denen kein CAD-Modell bestand, wurden mit MultiGen (Paradigm Simulations Inc.) modelliert. Für die Implementierung der Benutzerinteraktionen, die das physikalische Verhalten der Modelle (etwa Kollisionserkennung) betreffen, und die Einbindung aller Einzelkomponenten wurde als VR-System VEGA der Firma Presagis Inc. entwickelt und eingesetzt [PRE08].

Die Ergebnisse des Esprit-Projekts 7704 AIT haben gezeigt, dass VR eine neue und ungewohnte Erfahrung für die Montierenden ist. Der Anwender wird hier mit einer ‚kräftelosen' Welt konfrontiert. Weder das Gewicht noch der Widerstand (haptisches Feedback) beim Greifen eines Bauteils wurde im AIT-Projekt implementiert, und Kollisionen werden nur akustisch oder visuell angezeigt. Probleme bereitet die Leistungsfähigkeit der Graphikcomputer bei sehr komplexen Szenen. Dennoch wurde das Projekt grundsätzlich positiv bewertet, und VR-Anwendungen in Entwicklung und Produktion wird ein großes Potential zugeschrieben.

Das 1998 gestartete BMBF-Leitprojekt iViP (Innovative Technologien und Systeme für die virtuelle Produktentstehung) hatte die Entwicklung von Softwareprodukten für die vollständig virtuelle Produktentstehung auf der Basis durchgängiger, integrierter Prozesse zum Ziel

[KRA02]. Die enge Zusammenarbeit der 53 Projektpartner aus Industrie und Forschungseinrichtungen ermöglichte die Entwicklung einer einheitlichen Software für Produktkonzeption, -konstruktion und -validierung, für das Produktdatenmanagement (PDM) sowie die Fertigungsvorbereitung auf der Basis einer Client-Server-Architektur. Damit sollte dieses Leitprojekt die informationstechnische Durchgängigkeit und branchenübergreifende Vernetzung aller Einzelaufgaben zu integrierten Prozessflüssen realisieren und dadurch eine Reduktion von Iterationsschritten sowie eine Verkürzung des time to market erzielen [KRA02]. Der Einsatz des CORBA-Standards bildet die Voraussetzung für den plattformübergreifenden Einsatz von iViP.

Im Folgenden sollen die iViP-Themenbereiche „Innovative Gestaltungswerkzeuge" (Cluster 3) und „Aufbau und Validierung virtueller Produkte" (Cluster 4) näher vorgestellt werden, da deren Ergebnisse auch für die vorliegende Arbeit von Interesse sind.

Innerhalb des Projektclusters 4 wurden Software-Werkzeuge entwickelt, die eine virtuelle Produktabsicherung zum frühest möglichen Zeitpunkt verwirklichen sollen. Basis der Entwicklungen bildete der digitale Prototyp (DMU), wobei derzeitige Defizite und Probleme im DMU-Bereich berücksichtigt und durch den integrativen Ansatz des iViP-Projekts gelöst werden sollten: „Im Mittelpunkt des Clusters steht das Digitale Mock-Up als zweckgebundene Ableitung von Sichten aus einem digitalen Master und als Grundlage für die Untersuchung von Funktion, Gestalt und Prozess" [WBK08].

Eng verbunden mit Teilprojekt 4.3 ist das Teilprojekt 3.3 „Integrierte Gestalt- und Topologieoptimierung im Konstruktionsprozess". In diesem Projekt „geht es um die Erstellung von Entwicklungswerkzeugen, welche die CAE-Prozesskette – Konstruktion (CAD), Simulation und Optimierung sowie Rückspeisung der Simulations- und Optimierungsergebnisse in den Konstruktionsbereich – realisieren" [WBK08]. Dabei wurde der Konstrukteur als Anwender in den Prozess integriert, indem die Ergebnisse (mittels CAD, Postprozessoren, Virtual Reality, Rapid Prototyping) interaktiv dargestellt werden. „Durch das Einbeziehen der wesentlichen Randbedingungen in eine Konstruktion (Statik und Dynamik) entstehen so in einer sehr frühen Konstruktionsphase mit Hilfe der Topologieoptimierung neue, noch nicht diskutierte Lösungen" [WBK08].

Im Rahmen des iViP-Projekts wurden bereits bestehende Systeme und Anwendungen (CAD, PDM, DMU) als externe Komponenten über sogenannte Wrapper an die entwickelte Software angebunden. Auch diese neuen Softwarelösungen basieren in der Regel auf bereits bestehenden Standards. Das Innovationspotential dieses Projekts lag im Bestreben, alle Aufgaben der Produktentstehung informationstechnisch und branchenübergreifend zu vernetzen und dem Anwender eine einheitliche Benutzeroberfläche sowie die Möglichkeit der Nutzung aller iViP-Dienste und iViP-Werkzeuge anzubieten.

Das iViP-Projekt deckt also die Bereiche Planung, Entwurf und Try-Out des Produktlebenszyklus ab. Verwandte Projekte wie das europaweite AIT-Projekt (siehe oben) oder die 1999 ins Leben gerufene Initiative UDT (Universal Design Theorie) überschnitten sich teilweise mit den iViP-Aktivitäten, untersuchten jedoch auch Fertigung und Produktion (AIT) oder den Bereich Produktforschung (UDT). Alle diese Projekte hatten das gemeinsame Ziel, einen durchgehend digitalisierten Produktentstehungsprozess zu ermöglichen, der als Schlüssel zur weiteren Steigerung der Wettbewerbsfähigkeit gilt.

An den Fraunhofer-Instituten für Werkzeugmaschinen und Umformtechnik IWU sowie für Arbeitswissenschaft und Organisation IAO wurde in Kooperation mit dem Institut für Graphische Datenverarbeitung IGD und dem Institut für Produktionsanlagen und Konstruktionstechnik IPK im Rahmen des Forschungsvorhabens „Virtual Reality Aided Engineering Platform" (VRAx) eine auf VR-Technologien basierende Plattform zur Konstruktion von Werkzeugmaschinen in Analogie zu den bestehenden CAx-Werkzeugen entwickelt [NEU04], [SCH07]. Dabei wurden die VR-Technologien erstmals als aktives Modellierungswerkzeug genutzt. Die so in der VR erzeugten Daten können in den Gesamtprozess der Entwicklung zurückgeführt werden. Der Schwerpunkt des Projektes lag auf der Anwendung von VR-Technologien bei parallelkinematischen Werkzeugmaschinen. Allerdings kann das System durch seinen modularen Aufbau auch auf generellere Maschinen- oder Vorrichtungssysteme übertragen werden. Die einzelnen Funktionsmodule wie z. B. die immersive Modellierung, die Online-Anbindung eines CAD-Kerns und PDM-Systems an das von den Fraunhofer Instituten entwickelte VR-System AVALON sowie die Entwicklung einer speziellen VR-Bedienerschnittstelle sind weitgehend systemunabhängig.

In dem BMBF-Forschungsverbundprojekt „Virtuelles Kompetenznetzwerk zur Virtuellen und Erweiterten Realität" (ViVERA) wurden die Forschungsergebnisse der vom BMBF in den Jahren 1999 bis 2004 geförderten sechzehn Verbundprojekten zur Virtuellen und Erweiterten Realität mit 93 Partnern gebündelt und kleinen und mittelständischen Unternehmen branchenübergreifend zur Verfügung gestellt [VIV08]. Die Themenfelder waren Entwicklung, Test, Produktion und Qualifizierung. Im Vordergrund standen der Automobil- und Anlagenbau, der Maschinen- und Schiffbau sowie die Medizin. Ziel von ViVERA war es, Kompetenzen von VR-Entwicklern zu vernetzen, Entwicklungsbedarf zu identifizieren, Erfahrungen von Entwicklern und Anwendern zu bündeln, auf andere Anwendungsbereiche zu übertragen und hierfür prototypische Demonstratoren zu entwickeln.

Im Rahmen des Projektes wurden verschiedene Demonstratoren umgesetzt; so entstanden im Bereich des Maschinenbaus die Demonstratoren 4 und 5. Am Fraunhofer IPK wurde der Demonstrator 4 „Echtzeitvisualisierung dynamisch änderbarer Größen an einer Werkzeugmaschine" realisiert [ROT05]. Die Arbeiten bestehen aus der Entwicklung einer Preprozessanwendung, einer VR-Demonstratoranwendung sowie aus den Schnittstellen zwischen dem kommerziellen FEM-Programm ANSYS, der Preprozessanwendung und der Demonstratoranwendung. Der erste Prototyp der Preprozessanwendung liest die Geometrie- und Simulationsdaten des FE-Modells ein, optimiert ihren Aufbau für eine echtzeitfähige Berechnung und schreibt die so gewonnenen Daten in eine Datei. Diese Datei wird von der VR-Demonstratoranwendung eingelesen und für eine interaktive Berechnung vorbereitet. Wärmequellen können anschließend interaktiv an der Werkzeugmaschinengeometrie erstellt und verschoben werden. Das sich daraufhin einstellende Temperaturfeld wird in Echtzeit berechnet und durch Farbverläufe visualisiert. Mit Hilfe von kugelförmigen Quellen können beispielsweise die durch die Wärmeabstrahlung der Antriebe erzeugten Einflusszonen simuliert werden. Darüber hinaus geben zylinderförmige Quellen dem Konstrukteur die Möglichkeit, verschiedene Designalternativen für ein Kühlsystem interaktiv zu testen und zu beurteilen.

Der Demonstrator 5 „Virtuelle Steuerung“ wurde am Fraunhofer IFF entwickelt. Es handelt sich um ein mit Hilfe der VDT-Plattform (Entwicklung des Fraunhofer IFF Magdeburg) erstelltes funktionales Modell einer Werkzeugmaschine, welches mit einer realen Steuerung gekoppelt ist [SCH06a], [SCH06b]. Dabei erzeugen die reale Steuerung und die dazugehörigen NC-Programme gleiche Reaktionen am funktionalen Modell in der Virtuellen Realität wie an der realen Maschine. Die VDT-Plattform besitzt eine Funktion zur Kollisionskontrolle von Objekten in der VR. In der Virtuellen Umgebung lässt sich außerdem der Materialabtrag an einem Werkstück in Echtzeit darstellen. Dadurch werden Tests am funktionalen Modell in der Virtuellen Umgebung ermöglicht, die den Prozess der Produktentwicklung unterstützen. Ziel war es, das funktionale Modell bereits in der Konstruktionsphase einer Maschine, bei der Entwicklung neuer Steuerungen und bei der Erstellung von Programmen als Testumgebung bereitzustellen. Im Ergebnis wird dadurch die Entwicklungszeit verkürzt. Die Kopplung mit der VDT-Plattform des Fraunhofer IFF Magdeburg erlaubt weitere Anwendungen. Das Autorensystem der VDT-Plattform bietet die Möglichkeit, Abläufe der Inbetriebnahme, der Bedienung, der Wartung und Instandsetzung als Trainingsprozeduren zu erstellen. Dadurch kann das System während und nach der Produktentwicklung zum Bedienertraining oder als Assistenzsystem genutzt werden. Inbetriebnahme- und Rüstzeiten lassen sich dadurch verkürzen. Ein ähnliches Konzept hat die Studenteninitiative Siemens Sachsen e.V. [STU08] verwirklicht (vgl. Kapitel 6.1.4).

Das von der Europäischen Gemeinschaft von 2001 bis 2003 geförderte Projekt „Virtual Manipulation to Simulate Machine-Tool Processes“ (VIRTOOL) hatte die Entwicklung einer computergestützten Lernumgebung für die maschinelle Metallbearbeitung mittels interaktiver 3D-Graphiken und Technologien der Virtuellen Realität zum Ziel [UST03]. Zu den wichtigsten Bestandteilen des entwickelten Software-Pakets gehört ein anwenderfreundliches Konstruktionswerkzeug für Werkzeugmaschinen sowie unterstützendes Schulungsmaterial. Mit Hilfe von VIRTOOL können die Vorbereitung der Maschine für den Produktionsprozess, ihre Anwendung und Wartungsarbeiten visualisiert und trainiert werden. Die visuelle und interaktive Lernumgebung eröffnet den Anwendern des Programms zahlreiche Möglichkeiten der VR.

Das 2005 beendete Forschungsvorhaben „Thematic Network on Manufacturing Technologies“ (MANTYS) wurde von der Europäischen Kommission im Rahmen des Wachstumsprogramms aufgelegt [DEP04]. Im Teilprojekt „Technology Watch“ mit dem Thema „Virtual Manufacturing“ wurde eine einheitliche Entwicklungsumgebung geschaffen, die Entscheidungs- und Kontrollmöglichkeiten im Herstellungsprozess steigert. Dabei wurde der Schwerpunkt auf die Bereiche Produkt- und Prozessentwicklung, Prozess- und Produktplanung, Werkzeugmaschinen, Roboter sowie Herstellungssysteme gelegt. Es konnte gezeigt werden, dass sich mit Hilfe von Virtual Manufacturing Entwicklungszeiten verkürzen und sich somit ein ähnliches Phänomen abzeichnen könnte wie bei der Einführung von CAD/CAM-Systemen. VR wird hierbei als Werkzeug für die Visualisierung verwendet, das Informationen anwenderfreundlich aufbereitet. Neben der graphischen Benutzerschnittstelle wurde auch eine interaktive Analyse- und Präsentationsmöglichkeit geschaffen.

Im sechsten Forschungsrahmenprogramm der EU ist zwischen 2002 und 2006 das Forschungsvorhaben „CAD Production Pipeline" (CADPIPE) speziell für kleine und mittelständische Unternehmen bearbeitet worden [KUU06]. Ziel dieses Projekts war es, CAD-Modelle auf möglichst einfache Weise in hochauflösende photorealistische Echtzeitanimationen in die VR zu überführen. Das System könnte beispielsweise von Architekten genutzt werden, die ihre Kunden durch ein Gebäude führen und so alternative Umsetzungen diskutieren möchten. Daneben ließe es sich etwa auch von Fluggesellschaften zu Trainingszwecken für Piloten nutzen; zur Erzeugung von Spezialeffekten findet es Einsatz in der Computerspiel-, Film- und Fernsehindustrie.

In einem 2002 vorgestellten Forschungsvorhaben der Universität von São Paulo wurde der Prototyp einer virtuellen CNC-Drehmaschine in eine Virtuelle Umgebung implementiert [NET02]. Der Fokus wurde dabei auf die Spannvorrichtung der Drehmaschine, seine Funktionalität und seine geometrischen Abmessungen gelegt. In dem Projekt wurden die Möglichkeiten und die Einschränkungen sichtbar, die die derzeitigen VR-Technologien für die virtuelle Prototypenentwicklung von Fertigungsmaschinen aufweisen. Es hat sich gezeigt, dass sich die Techniken der VR in diesem Zusammenhang vor allem in den Bereichen Training, Marketing/Verkauf und Produktentwicklung nutzbringend einsetzen lassen.

2005 wurde in einem schwedischen Forschungsvorhaben eine reale CNC-Maschinensteuerung mit den Techniken der VR so verbunden, dass das dynamische Verhalten einer Wasserstrahlmaschine visualisiert werden konnte [JÖN05]. Die Echtzeitfähigkeit des Modells, die die Simulation der Elektronik und sämtlicher detaillierten Strukturbauteile betrifft, wurde in einem Vergleich zwischen Simulation und Messungen sichergestellt. Verbesserungspotenzial besteht allerdings in den Servomotoren, den Verbindungselementen sowie in der flexiblen Modellbildung. Die automatisierte Umsetzung dieses Verfahrens stellt durch die multidisziplinären Optimierungsmöglichkeiten aber bereits jetzt eine vielversprechende Grundlage für die Abstimmung zwischen Produktivität und Genauigkeit im Herstellungsprozess dar.

2.4.2 VR-Forschungsvorhaben zur interaktiven Analyse von FE-Daten

Research projects in VR concerning interactive analysis of FE data

Nachdem bisher VR-Forschungsvorhaben mit unterschiedlichen Schwerpunkten angeführt wurden, werden im folgenden Kapitel VR-Projekte vorgestellt, die den Fokus auf die Interaktion mit Finite-Elemente-Daten legen.

1996 entwickelte Yagawa [YAG96] eine Virtual-Reality-Anwendung, um Solid-Geometrien und automatische Vernetzer für das Preprocessing von FE-Daten zu integrieren. 1997 stellte Yeh [YEH97] eine VR-Anwendung vor, bei der Finite Elemente in eine Virtuelle Umgebung eingeladen werden können. Der Konstrukteur kann interaktiv Kräfte mit einem Datenhandschuh auf das Modell aufbringen und erhält Verformungs- oder Spannungsergebnisse stereoskopisch visualisiert. Als FE-System wird die Software MSC/NASTRAN verwendet und zur Erzeugung der Virtuellen Umgebung die Software WorldToolKit und GL genutzt. Als VR-

System kommt ein Head-Mounted-Display (vgl. Kapitel 2.2.2.2.1) mit einer 3D-Mouse zum Einsatz. Sensitivitäts-Methoden wurden in das System eingebracht, so dass der Anwender in der Lage ist, Geometrieparameter zu variieren und unmittelbar die daraus resultierenden Veränderungen zu sehen, ohne eine wiederholte Berechnung zu starten.

Die Universität Erlangen hat mit BMW [SCH98] 1998 die Vorteile von VR bei traditionellen FE-Postprocessing-Methoden für Anwendungen in der Entwicklung von Fahrzeuggestellen untersucht. Ein Visualisierungssystem, basierend auf VRML-Daten, wurde für die Navigation und Interaktion mit verschiedenen Finite-Elemente-Typen, die für die Fahrzeuggestellentwicklung relevant sind, entwickelt, mit dem Ingenieure und das Management virtuelle Prototypen diskutieren können. Das System wird bei BMW eingesetzt, um zeitkritische numerische Simulationen zu analysieren. Es kann Simulationsdaten direkt in die Virtuelle Umgebung ohne einen Preprocessing-Schritt mit einer on-the-fly-Polygonreduktion einladen.

1998 entwickelte Hui [HUI98] ein FE-System, mit dem der Anwender in der Lage ist, in einer virtuellen Operation z. B. Schnittwunden zusammenzunähen. Dabei kann er in Echtzeit die auftretenden Verformungen von einem FE-Modell berechnen und in einer VR-Umgebung visualisieren. Das FE-Modell ist allerdings auf 300 Knoten beschränkt.

Liverani et. al. [LIV02] erarbeiteten bis 2002 das Programm VRFEA, bei dem es sich um eine semi-immersive VR-Schnittstelle für ein FE-System handelt. Es ermöglicht dem Konstrukteur, immersive Geräte, wie einen Stylus oder Datenhandschuhe (vgl. Kapitel 2.2.2.1), zu nutzen, um beliebige FE-Netze oder Randbedingungen zu erzeugen und Berechnungsergebnisse zu visualisieren. Open Inventor wurde dabei als Entwicklungswerkzeug verwendet. Auch erste Versuche, eine Kollisionserkennung zu integrieren, sind im Programm VRFEA verwirklicht.

2000 präsentierte Connell [CON00] erstmalig eine konkrete Implementierung eines Werkzeugs, um eine interaktive Finite-Elemente-Simulation in einer Virtuellen Umgebung durchzuführen. In dem Software-Tool sind der FE-Code und der Visualisierungs-Code an die entsprechende VR-Hardware angepasst. dVISE und kommerzielle FE-Programme wie ABAQUS werden dabei für die Echtzeit-FE-Analyse in einer CAVE verwendet. Zum Einlesen der FE-Ergebnisdaten kommt eine in Java programmierte Schnittstelle zum Einsatz.

Die Einbindung einer interaktiven Spannungsanalyse in eine VR-Umgebung ist auch Gegenstand eines Projektes, das im Jahr 2000 von Michael und Judy initiiert worden ist [MIC00]. Finite-Elemente-Analysen, Sensitivitätsanalysen und eine Kollisionserkennung werden dabei in einer interaktiven Umgebung zusammengefasst, um dem Anwender ein Werkzeug an die Hand zu geben, mit dem er die Visualisierung und Modifikation von Bauteilen, die Berechnung von Spannungen sowie Einbauuntersuchungen durchführen kann. Als Hardware wird eine Powerwall verwendet, bei der das zu betrachtende Teil in seiner Baugruppe stereoskopisch dargestellt und so der dreidimensionale Charakter vertieft wird.

Küster [KUE00] entwickelte 2000 einen Konstruktionsarbeitsplatz in einer VR-Umgebung, in der der Konstrukteur in einer semi-immersiven VR-Applikation konstruieren kann und in der ihm verschiedene Analyse-Werkzeuge zur Verfügung stehen. Das Ziel ist hierbei eine Transferierung klassischer Konstruktionsaufgaben in eine VR-Applikation.

Auf der Basis von dVISE wurde 2000 das Daten-Visualisierung-Entwicklungswerkzeug DVET vorgestellt [SAR00], mit dem komplexe FE-Ergebnisdaten mit Hilfe der VR visualisiert werden können. Das Programm ermöglicht das Einlesen des neutralen Fileformats FEMAP. Dieses Fileformat generiert das FEM-System MSC/NASTRAN und beinhaltet sämtliche FE-Informationen inklusive der FE-Ergebnisdaten.

Vor allem in der Industrie sind Bestrebungen zum Einsatz von Virtual Reality zur Auswertung von FE-Simulationen zu erkennen. So arbeitet etwa die Firma MAGMA Gießereitechnologie GmbH, die eine Software zur Simulation von Gießprozessen entwickelt und vertreibt, in Kooperation mit der VirCinity GmbH an einer Schnittstelle zur Auswertung von MAGMA-Simulationen in einer Virtuellen Umgebung [MAG03].

Die exemplarisch aufgeführten Projekte zeigen, dass es eine Vielzahl von Softwareprodukten gibt, die teilweise kommerziell verfügbar sind. Jedes Produkt setzt seinen Fokus auf eine bestimmte Problematik im Zusammenhang mit Spezialanwendungen, aber derzeit ist kein System auf dem Markt verfügbar, das universell eingesetzt werden kann.

3 Aufgabenstellung und Zielsetzung

Task definition and objective

Für die effiziente Entwicklung von Werkzeugmaschinen ist es mittlerweile eine wirtschaftliche Notwendigkeit, mit Hilfe virtueller Prototypen schneller ein marktfähiges Produkt zu entwickeln. Damit können Zeit und Kosten reduziert werden, da durch jeden Verzicht auf einen physikalischen Prototypen deutliche Einsparungen zu erzielen sind. Um dieses Ziel zu erreichen, sollte bereits das erste erstellte Produkt seine Funktion innerhalb der vorgegebenen Randbedingungen optimal erfüllen. Hierzu muss der Konstrukteur schon zu einem sehr frühen Produktentwicklungszeitpunkt die entsprechenden Funktionalitäten des geforderten Produktes im Rahmen seiner Randbedingungen sicherstellen. Hier kann ein virtueller Prototyp herangezogen werden, der alle relevanten Eigenschaften des Produktes abbilden können muss. Im Laufe des Entwicklungsprozesses wird der virtuelle Prototyp zunehmend detaillierter. Ziel ist es, in allen Phasen Modelle zur Analyse und Optimierung der Prototypeneigenschaften bereitzustellen. Zunächst werden die geometrischen Eigenschaften des virtuellen Prototypen im CAD-System abgebildet. Maschinenelemente und Maschinenkomponenten wie Hauptspindeln, Führungssysteme und Lager haben einen entscheidenden Einfluss auf die einsatzrelevanten Eigenschaften einer Werkzeugmaschine. Zu ihrer detaillierten Dimensionierung und Berechnung existieren Spezialprogramme, die teilweise mit CAD-Systemen verknüpft sind [AWK02]. Das höchste Maß an Effektivität lässt sich dabei nur erreichen, wenn sämtliche Entwicklungswerkzeuge in einer einheitlichen Entwicklungsumgebung zur Verfügung stehen. Dieses Bestreben ist Gegenstand mehrerer Forschungsvorhaben gewesen – u. a. im Rahmen des in Kapitel 2.3 vorgestellten integrierten Konstruktionsarbeitsplatzes; allerdings ist derzeit noch keine einheitliche Softwarelösung auf dem Markt verfügbar.

In der Konzeptphase werden die Eigenschaften und Potentiale einer Werkzeugmaschine bereits wesentlich vorbestimmt. Durch die frühzeitige Simulation des mechanischen und regelungstechnischen Verhaltens an Grobmodellen können hier strukturelle Nachteile eines Konzeptes erkannt und unnötige Iterationsschleifen im Entwicklungsprozess vermieden werden. Außerdem können Kundenanpassungswünsche des Maschinenkonzeptes mit Hilfe eines virtuellen Prototyps schnell und effektiv umgesetzt werden. Hierzu zählen etwa die Abmessungen des Arbeitsraums sowie die erreichbaren Geschwindigkeiten und Beschleunigungen unter Berücksichtigung der maximal zulässigen Verformungen der einzelnen Maschinen- und Gestellbauteile, um die gewünschten Zerspanleistungen in der geforderten Qualität erreichen zu können.

Ziel dieser Arbeit soll es sein, den Konstrukteuren, aber auch den Entscheidungsträgern ein Werkzeug an die Hand zu geben, das es ihnen schon in der Konzeptphase einer Werkzeugmaschinenentwicklung erlaubt, einen interaktiven virtuellen Prototypen auf Grundlage eines FE-Modells zu erzeugen. In einer einheitlichen Entwicklungsumgebung sollen möglichst alle Berechnungs- und Analysetools vereinigt werden, mit denen man konstruktionsbegleitend auch mit Techniken der VE die FE-Daten interaktiv analysieren kann.

Im Rahmen dieser Arbeit wird gezeigt, wie auf Grundlage eines FE-Berechnungsergebnisses das hierfür entwickelte FE-Postprocessing- und VR-Preprocessing-Tool StrukExm eine einheitliche Entwicklungsumgebung schafft, die nicht nur das Maschinenmodell in einer VE visualisieren kann, sondern vielmehr noch weitere Interaktions- und Visualisierungstechniken bietet. Dazu zählen eine automatisierte Kinematikableitung, eine vollautomatische Arbeitsraumermittlung sowie eine automatisierte Schwachstellenanalyse sämtlicher Maschinenelemente und -komponenten, die u. a. die Berechnung und Visualisierung der prozentualen Verlagerungsanteile an beliebigen Verfahrpositionen des TCP im Arbeitsraum unter der Auswahl einer beliebigen Kraftangriffsrichtung erlauben.

Um dieses Ziel zu erreichen sind eine Reihe von Vorverarbeitungsschritten notwendig. Daher wird in Kapitel 4 das Programm StrukExm vorgestellt, das im Rahmen dieser Arbeit entstanden ist und das auf Grundlage eines universellen FE-Ergebnisdatensatzes diverse FE-Postprocessing-Möglichkeiten bietet. Für die Visualisierung der Geometrie aus einem FE-Modell müssen zunächst diverse FE-Elemente, wie Schalen- und Volumenelemente, eingelesen und so verarbeitet werden, dass nur die einhüllende Geometrie für die Visualisierung zur Verfügung steht. Diese einhüllende Geometrie muss auf Grund der technischen Gegebenheiten zur Visualisierung in einer VE, falls zuvor Hexaeder- oder vierknotige Schalenelemente verwendet wurden, trianguliert werden, d. h. Hexaederelemente werden in Tetraederelemente und vierknotige Schalenelemente in dreiknotige Schalenelemente überführt. Auch müssen Elemente mit einer höheren Ansatzfunktion auf die Eckknoten reduziert werden. Über eine bidirektionale Anbindung der VR-Software ViSTA (vgl. Kapitel 4.6) steht mit dem Programm StrukExm somit auch ein sogenanntes VR-Preprocessing-Programm zur Verfügung, das die Visualisierung sämtlicher Analysen auch in einer Virtuellen Umgebung ermöglicht.

Für eine ermüdungsfreie und praktikable Arbeit in einer Virtuellen Umgebung darf eine minimale Framerate (Bildwiederholfrequenz) nicht unterschritten werden. Durch die stereoskopische mehrseitige Visualisierung in einer VE erhöht sich jedoch im Vergleich zur normalen Darstellung an einem Monitor die Anzahl der zu berechnenden Polygone um ein Vielfaches. Außerdem muss das Bild dem sich ständig ändernden Betrachtungswinkel des Anwenders angepasst werden. Wird nun ein FE-Modell mit allen modellierten Knoten für die Visualisierung aufbereitet, so übersteigt schon bei kleineren Modellen die Anzahl der berechneten Polygone diejenige Anzahl, die ein einwandfreies Arbeiten in der VR erlaubt. Abhilfe kann hier nur eine adaptive Netzvereinfachung schaffen, wie sie in Kapitel 5 vorgestellt wird. Die Netzvereinfachung ist davon abhängig, was in der VR visualisiert werden soll. Bei einer reinen Geometrievisualisierung ohne FE-Ergebnisdaten können Regelflächen, etwa Rechtecke, mit einer minimalen Anzahl von Dreiecken zusammengefasst werden. Will man FE-Ergebnisse betrachten, so werden für eine kontinuierliche Verformung und auch Einfärbung entsprechende Zwischenknoten benötigt, die eine realitätsnahe Darstellung erlauben. Soll eine Maschinenstruktur nun interaktiv durch den Anwender in Echtzeit in beliebige Richtungen verlagert werden, so müssen dynamisch Knoten zur Visualisierung hinzugenommen bzw. entfernt werden. Im fünften Kapitel werden ausführlich alle mathematischen

Ansätze vorgestellt und weiterentwickelt, die für die Polygonreduktion unter den genannten Randbedingungen verwendet werden.

Aus einem FE-Modell können Informationen gewonnen werden, mit denen eine automatisierte Generierung der Kinematik einer Werkzeugmaschine durchgeführt werden kann, wie in Kapitel 6 gezeigt wird. Ziel ist es, ein FE-Modell einer Werkzeugmaschine in das VR-Analysesystem zu importieren, um sofort ein Modell zur Verfügung zu haben, an dem der Anwender den TCP der Maschine an beliebige Positionen verfahren kann. Hierzu werden die Koppelstellen, wie Antriebe und Führungen, untersucht, die im FE-Modell durch Federn mit bestimmten räumlichen Steifigkeiten abgebildet sind. Durch vorgegebene Erkennungsmuster kann beispielsweise festgestellt werden, dass es sich bei einem Bauteil um einen Schlitten handelt, der über vier Führungsschuhe und einen Antrieb mit einem anderen Bauteil verbunden ist. Mit diesen Erkennungsmustern werden sämtliche kinematischen Beziehungen, nicht nur Führungen und Antriebe, sondern auch Lager, Dreh- und Kugelgelenke, identifiziert. Aus der Gesamtheit aller kinematischen Beziehungen ist das System in der Lage, eine objektorientierte Datenstruktur, einen sogenannten Szenengraphen, zu erzeugen, in dem alle kinematischen Beziehungen durch mathematische Beschreibungen automatisch hinterlegt sind.

Kapitel 7 beschreibt, wie durch eine physikalisch basierte, integrierte Kollisionskontrolle sicherzustellen ist, dass der TCP auch einer komplexen Werkzeugmaschine, wie beispielsweise einem Hexapod, im maximalen Arbeitsraum ohne Überschneidungen oder Kollisionen bewegt werden kann. Durch die integrierte Kollisionsberechnungsfunktionalität kann durch ein in Kapitel 7 vorgestelltes iteratives Verfahren der maximale Arbeitsraum ermittelt werden. Dieser Arbeitsraum lässt sich in Form einer Hüllkurve für die Visualisierung in einer VE halbtransparent in das Modell einblenden.

In Kapitel 8 schließlich wird auf Grundlage der genannten Vorarbeiten ein FE-Solver entwickelt, der eine Schwachstellenanalyse in Echtzeit durchführt. Dazu kann der Anwender mit Hilfe der integrierten Kinematik den TCP im Arbeitsraum verfahren und dann eine beliebig orientierte Kraft am TCP aufgeben. Durch eine spezielle Vereinfachungsmethode lässt sich vollautomatisch ein reduziertes FE-Ersatzmodell erzeugen, das mit Hilfe des integrierten FE-Solvers und der zuvor ausgewählten Randbedingungen eine Schwachstellenanalyse u. a. in Form einer Verlagerungsanalyse durchführt. Diese Schwachstellenanalyse erlaubt so dem Benutzer, den prozentualen Anteil eines Gestell- oder Maschinenbauteils an der Gesamtverlagerung an jeder Maschinenverfahrposition mit einer beliebigen Lastrichtung auch in einer Virtuellen Umgebung zu visualisieren und zu analysieren. Mit diesem Verfahren lassen sich sehr intuitiv kritische Bereiche im Arbeitsraum ausfindig machen, um dort dann gezielte Optimierungsmaßnahmen einleiten zu können.

4 FE-Daten-Aufbereitung zur Visualisierung in der VR

FE data preparation for visualisation in a VR

Ziel der vorliegenden Arbeit ist die Analyse von FE-Ergebnisdaten in einer Virtuellen Umgebung, deren Effektoren in Kapitel 2.2.2 vorgestellt wurden. Zum einen wurden die Eingabesysteme mit Funktionalitäten, die weit über die eines herkömmlichen Konstruktionsarbeitsplatzes am PC hinausgehen, beschrieben, zum anderen wurden die immersiven Ausgabegeräte vorgestellt. Zur Unterstützung dieser VR-Ein- und -Ausgabesysteme wird in der vorliegenden Arbeit das Programm ViSTA verwendet, dessen Funktionsweise in Kapitel 4.6 noch dargestellt wird.

Damit FE-Daten aus handelsüblichen FE-Programmen in einer Virtuellen Umgebung interaktiv analysiert werden können, müssen sie zuvor aufbereitet werden. Dazu sind folgende VR-Preprocessingschritte durchzuführen:

- eine Datenreduktion (vgl. Kapitel 5) der FE-Ergebnisdaten, die für eine stereoskopische, getrackte Visualisierung auf einem der in Kapitel 2.2.2.2.1 vorgestellten Ausgabesysteme notwendig ist;
- eine automatisierte Kinematikgenerierung aus einem einzigen FE-Modell, um die Achsen eines Werkzeugmaschinenmodells realistisch verfahren zu können, sowie eine Kinematik- und Kollisionsanalyse, mit der u. a. auch der maximale Arbeitsraum abgeleitet werden kann (vgl. Kapitel 6 und 7);
- eine Analyse konstruktiver Schwachstellen an verschiedenen Verfahrpositionen im Arbeitsraum (vgl. Kapitel 8).

Zuvor sollen jedoch die zur Veranschaulichung herangezogenen Werkzeugmaschinenmodelle – die bereits als FE-Modell vorliegen – kurz vorgestellt werden.

4.1 Verwendete Werkzeugmaschinenmodelle

Used machine tool models

Die hier verwendete Maschine Chiron FZ 12 ist eine Werkzeugmaschine mit serieller Kinematik. Sie besitzt drei Achsen, die die Positionierung der Werkzeugspindel steuern.

Darüber hinaus wurden, wie in Bild 4-1 abgebildet, weitere Maschinen mit Parallelkinematik integriert. Bei der Chiron VISION wird die Bewegung in der XY-Ebene mittels einer V-förmigen Parallelkinematik ausgeführt, während die Bewegung in Z-Richtung mittels eines seriellen Achsgetriebes erfolgt.

Als weitere Werkzeugmaschine mit Parallelkinematik wird die StarragHeckert SKM 400 herangezogen. Bei dieser Maschine handelt es sich um einen sogenannten Tripod, der über drei längenveränderliche Streben geführt wird. Diese Streben sind über spezielle Gelenke mit der Plattform und dem Maschinengestell verbunden. Zusätzlich wird die Plattform über eine passive kinematische Kette, die die rotatorischen Freiheitsgrade sperrt, mit dem Gestell verbunden [WEC03].

Neben diesen realen Maschinen wurde auch ein selbstgenerierter vereinfachter Modellhexapod verwendet. Seine Kinematik besitzt sechs Freiheitsgrade; damit kann sich die obere Plattform sowohl in alle translatorischen als auch rotatorischen Richtungen bewegen. Die längenveränderlichen Streben sind jeweils durch ein Kugelgelenk mit der oberen Plattform und dem unteren Standring verbunden.

In Bild 4-1 sind die vorgestellten Werkzeugmaschinenmodelle abgebildet.

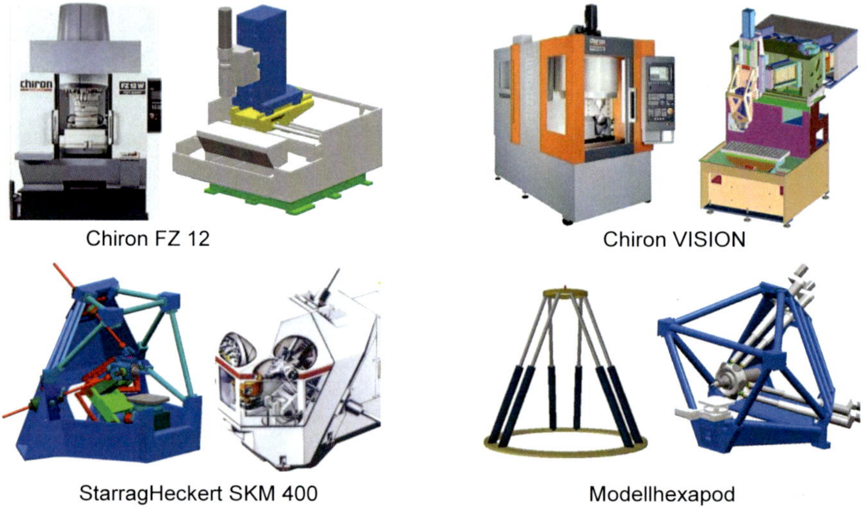

Bild 4-1: Verwendete Werkzeugmaschinenmodelle
Used machine tool models

4.2 FE-Daten-Postprocessing und VR-Preprocessing mit StrukExm

FE data postprocessing and VR preprocessing with StrukExm

Um unabhängig von handelsüblichen FE-Systemen agieren zu können, ist im Rahmen dieser Arbeit das Programm StrukExm entwickelt worden, das als Schnittstelle zwischen FE-Systemen und der VR-Software ViSTA fungiert. Mit dem Programm StrukExm können FE-Daten und -Ergebnisdaten eingelesen und visualisiert werden. Daher ist in diesem PC-basierten Programm auch ein FE-Postprocessing durchführbar, wie es bei handelsüblichen FE-Systemen Standard ist.

Darüber hinaus dient das Programm dazu, alle weiteren Preprocessingschritte für eine interaktive FE-Analyse in einer Virtuellen Umgebung durchzuführen. Sämtliche Daten werden so aufbereitet, dass die VR-Software ViSTA aus dem Programm StrukExm heraus auf den gewünschten VR-Ausgabesystemen gestartet werden kann und die entsprechenden Eingabesysteme unterstützt werden. Bild 4-2 stellt diesen Zusammenhang schematisch dar.

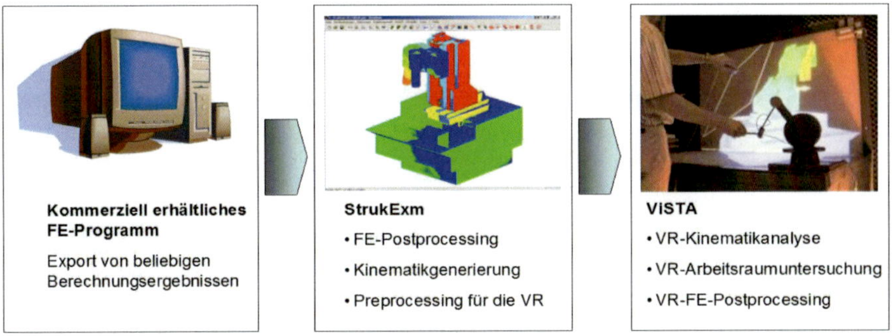

Bild 4-2: FE-Datenaufbereitung für die Analyse in der VE
FE data preparation for analysis in a VE

Das Programm StrukExm kann beliebige Universal-(UNV-)Daten (vgl. Kapitel 4.3) einlesen und weiterverarbeiten. Im Folgenden wird beschrieben, wie aus der UNV-Datei Informationen über sämtliche FE-Elemente, die Lastfälle und Randbedingungen sowie die statischen Berechnungsergebnisse ausgelesen werden können. Diese Daten lassen sich unter Berücksichtigung der üblichen 3D-Darstellungsmöglichkeiten (Zoomen, Drehen und Verschieben) in StrukExm visualisieren.

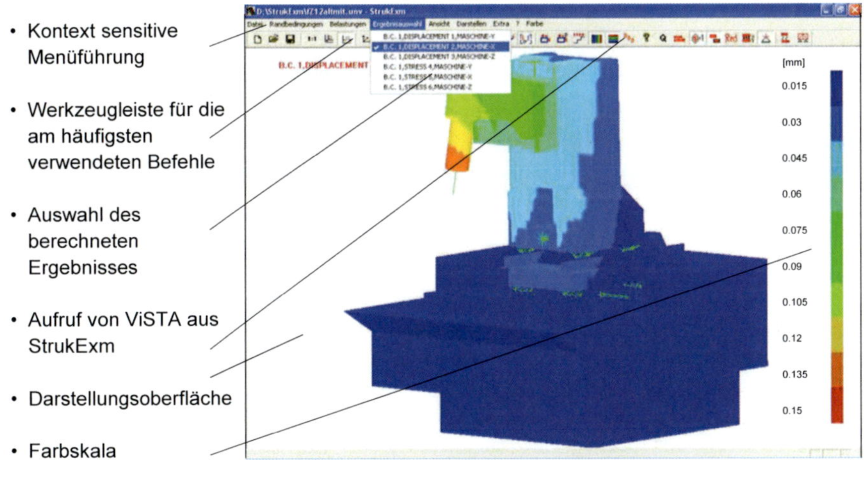

Bild 4-3: StrukExm als FE-Postprozessor und VR-Preprozessor
StrukExm as an FE postprocessor and a VR preprocessor

In Bild 4-3 ist die Oberfläche des Programms StrukExm abgebildet. Dargestellt ist ein Ergebnis einer FE-Berechnung, bei dem die Verlagerung einer Werkzeugmaschine auf Grund einer am TCP angreifenden Kraft berechnet wurde. In einem Menü stehen sämtliche Berechnungsergebnisse zur Auswahl bereit. Auf Wunsch kann das Ergebnis auch dynamisch animiert werden, d. h. in einer Art Film verformt sich die Maschine vom unverformten zum verformten Zustand und wieder zurück. Diese Funktionalität bietet sich besonders zur Visualisierung von Verlagerungen bei unterschiedlichen Eigenfrequenzen an.

Um ein solches Ergebnis aus einem Universal File auszulesen und zu visualisieren, bedarf es einer gewissen Vorverarbeitung. Nach dem Einlesen der Knoten- und Elementlisten müssen die Daten entsprechend interpretiert werden. Da es eine nicht unerhebliche Anzahl verschiedener Elementtypen gibt, müssen diese identifiziert und ihren Eigenschaften entsprechend unterschiedlich behandelt werden (vgl. Kapitel 4.3.1).

Nicht nur zur späteren Visualisierung der Daten auf einem VR-Ausgabesystem, sondern auch bereits im Programm StrukExm werden für die abgebildete Visualisierung nicht alle Elementtypen benötigt. Überflüssige Informationen werden vorab automatisch aus dem Datenmodell entfernt, damit eine flimmerfreie Visualisierung in diesem Tool möglich ist. Diese Vorabreduktion wird in Kapitel 4.3.2 näher erläutert.

4.3 FE-Daten als Grundlage für die Visualisierung, Analyse und Interaktion in einer Virtuellen Umgebung

FE data as basis for visualising, analysing and interaction in a VE

Für die effiziente Integration der Virtuellen Umgebung in den Konstruktionsprozess muss vermieden werden, unnötige oder aufwendige zusätzliche Arbeitsschritte durchzuführen und so eine Hemmschwelle für die Akzeptanz bzw. den Einsatz der neuen Technik zu erzeugen. Standardisierte Schnittstellen zwischen einem FE-System und der Virtuellen Umgebung wären wünschenswert, existieren derzeit allerdings noch nicht.

Derzeit können CAD-Geometrien mit gängigen Schnittstellen, wie z. B. dem VRML-Fileformat, in der Virtuellen Welt direkt eingelesen werden. Das Verfahren dabei ist immer ähnlich. Sämtliche Geometrieinformationen wie etwa die eines Zylinders, der in einem parametrisierten CAD-Modell aus einem extrudierten Kreis mit dem Radius r beschrieben ist, werden auf Polygonnetze reduziert; d. h. ein Kreis wird durch einen Polygonzug mit Knoten und Linien in Abhängigkeit der Größe angenähert. Diese Linien und Knoten werden durch Dreiecke zusammengefasst, die wiederum für die Visualisierung in der VE benötigt werden. Durch dieses Verfahren wird eine parametrische CAD-Geometrie durch das Exportieren in z. B. das VRML-Fileformat in Knoten und Elemente heruntergebrochen, wobei ein reines Oberflächen-Polygonnetz erzeugt wird, in dem keinerlei parametrische Informationen mehr enthalten sind.

Bei vernetzten Strukturbauteilen von Werkzeugmaschinen wird die Geometrie durch unterschiedliche Elementtypen, auf die in Kapitel 4.3.1 weiter eingegangen wird, angenähert bzw. beschrieben. Häufig ist ein solches FE-Modell assoziativ mit der CAD-Geometrie verbunden. Wenn jedoch diverse geometrische Besonderheiten, etwa Fasen, kleine Bohrungen oder Rundungen, bei der Netzgenerierung vernachlässigt werden können, wie es beispielsweise der Fall ist, wenn sie auf das Strukturverhalten nur einen lokalen Einfluss haben [WEC02], dann wird das FE-Modell von der CAD-Geometrie gelöst. Dies geschieht auch dann, wenn in Abhängigkeit der Berechnungsaufgabe Bauteilbereiche mit gleichmäßigen Wandstärken durch Mittelflächenschalenmodelle angenähert werden. Die Netzdichte legt der Konstrukteur in Abhängigkeit der Bearbeitungsaufgabe fest, da Simulationsberechnungsergebnisse, etwa Verlagerungs- und Spannungsergebnisse, nur an den Knoten der Elemente berechnet werden.

Vergleicht man ein solches FE-Netz und das Exportergebnis eines VRML-Files, so bestehen signifikante Unterschiede. Handelt es sich bei den FE-Elementen um Volumenelemente, liegt eine Vielzahl von Knoten im Inneren der Geometrie vor, die für die Visualisierung nicht benötigt werden. Ebenso werden rechteckige Oberflächen nicht nur durch zwei Dreiecke angenähert, sondern durch zahlreiche Elemente und Knoten. Für die reine Visualisierung der Geometrie sind diese Informationen nicht nur unnötig, sondern auch hinderlich für eine flüssige Darstellung in einer Virtuellen Umgebung.

Dennoch bietet es sich an, eine Visualisierung von FE-Ergebnissen in einer VE auf Grundlage eines FE-Modells vorzunehmen. Zur Visualisierung der Geometrie auf Basis eines FE-Modells können ähnlich wie bei den standardisierten Geometrieexportformaten des VRML-Files die Elemente und Knoten überführt werden. Allerdings sind dafür geeignete Netzreduktionsverfahren, wie sie in Kapitel 5 vorgestellt werden, unumgänglich. Verlagerungsergebnisse können mit den Geometrieknoten überlagert und für die Visualisierung herangezogen werden. Spannungs- oder Verlagerungsergebnisse lassen sich ebenfalls dazu nutzen, die Größen in farbige Werte umzurechnen, mit denen die Ergebnisse als eine farbliche Textur auf dem Modell der Werkzeugmaschine dargestellt werden können. Auch hier ist eine angepasste Netzreduktion erforderlich.

Darüber hinaus beinhaltet ein FE-Modell noch weitere wichtige Informationen, wie beispielsweise die Koppelstelleninformationen von Strukturbauteilen, aus denen kinematische Informationen abgeleitet werden können.

Um die beschriebenen Informationen aus einem FE-Modell nutzen zu können, ist ein entsprechendes FE-Exportdatenformat nötig, in dem die folgenden Informationen zur Verfügung stehen:

- FE-Knotenlisten
- FE-Elementlisten
- Koppelstelleninformationen
- Randbedingungen
- FE-Ergebnisdaten (Statik: Verlagerungen, Spannungen; Dynamik: Eigenfrequenzen; Thermik etc.)

Werden die in Betracht kommenden Schnittstellen analysiert, so stellt das UNV-Format oder auch das IGES/IGS-Format die einzig technisch sinnvolle Alternative dar. Alle anderen Schnittstellen, wie etwa das STEP API 214, VDAFS, SET, Parasolid etc., enthalten zwar Flächen- und Volumeninformationen, jedoch keine geeigneten FE-Informationen im ASCII-Format.

Als Schnittstelle für den Datenaustausch wurde das Universal-Dateiformat gewählt, ein Format, das von den gängigsten FE-Berechnungsprogrammen entweder direkt unterstützt oder durch käufliche Converter erzeugt wird.

4.3.1 Eigenschaften von FE-Elementen

Attributes of FE elements

Wesentlicher Bestandteil der Universal-Datei sind die Knoten- und Elementinformationen. Sämtliche Knoten sind in Form von Knotenlisten mit den dazugehörigen Koordinaten gespeichert. In den Elementlisten werden u. a. der Elementtyp und die entsprechenden Knotennummern angegeben.

Grundsätzlich werden die verschiedenen Elementtypen in die Klassen Linien-, Flächen- und Volumen-Elemente sowie sonstige Elemente eingeordnet. Jede Klasse besteht aus mehreren Elementtypen, die sich in der Ansatzfunktion, der Anzahl der Knoten zum dazugehörigen Element und den translatorischen und rotatorischen Freiheitsgraden unterscheiden [WEC02].

Eine Auflistung aller gängigen Elementtypen, die für eine Visualisierung in der VR in Betracht kommen, mit ihrer Ansatzfunktion, Anzahl der Knoten und translatorischen und rotatorischen Freiheitsgraden ist in Bild 4-4 gezeigt.

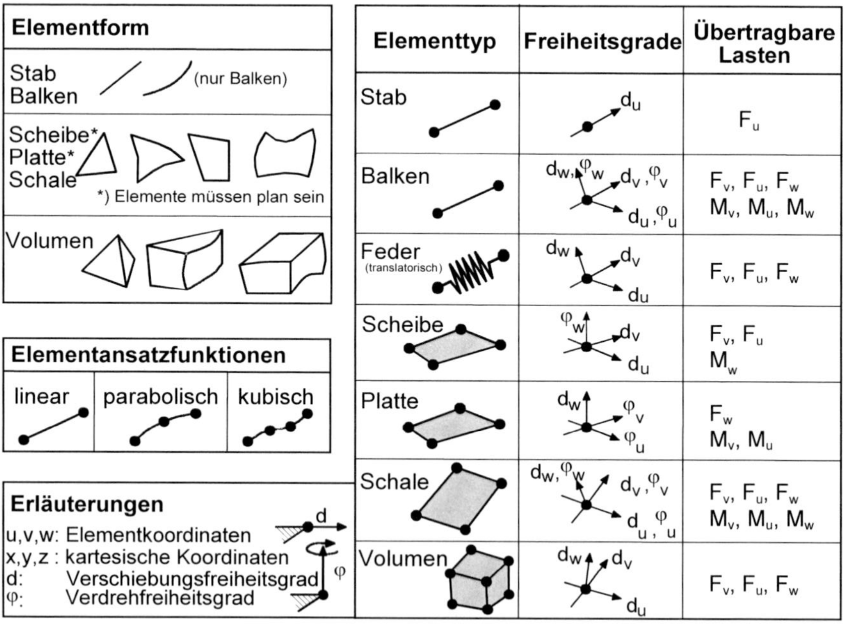

Bild 4-4: Übliche Elementtypen, die in einem FE-System Verwendung finden [WEC02]

Normal types of elements used in FE systems [WEC02]

Bei dieser Vielzahl an Elementtypen muss ein einheitliches Format gefunden werden, dem eine standardisierte Knoten- und Elementliste zu Grunde liegt. Dazu werden alle unterschiedlichen Polygonnetze in Dreieckslisten heruntergebrochen, wodurch sich die Anzahl der Elemente versechsfachen kann – etwa bei Elementtypen mit höheren Ansatzfunktionen wie beispielsweise einem Hexaeder mit parabolischer Ansatzfunktion. Dieser Schritt widerspricht zwar einer Datenreduktion, ist aber für die Anwendung geeigneter Reduktionsalgorithmen (vgl. Kapitel 5) unabdingbar, um ein einheitliches Datenformat für die Visualisierung nutzen zu können.

4.3.2 Vorabreduktionen von FE-Volumenmodellen

Pre-reduction of FE volume models

Für viele FE-Berechnungen werden Volumenmodelle verwendet. Da diese Modelle im Modellinneren nach einer Dreieckszerlegung eine nicht unerhebliche Anzahl an Dreiecken besitzen, die für die reine Visualisierung einer Oberfläche nicht benötigt werden, können in einer Vorabreduktion FE-Volumenelemente für ein geeignetes Oberflächenmodell reduziert werden.

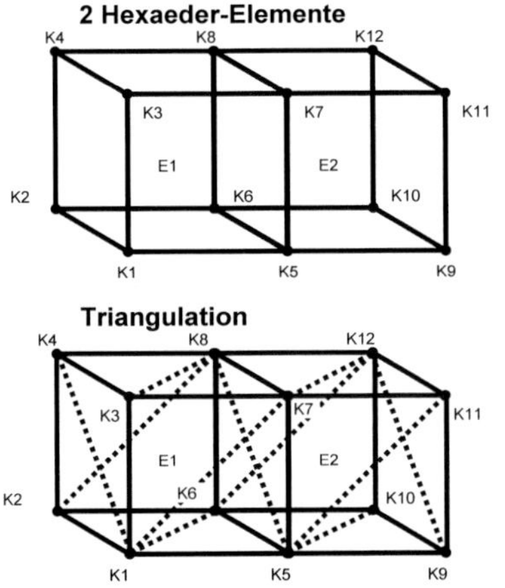

Knoten von Element E1:
K1, K2, K3, K4, K5, K6, K7, K8
Knoten von Element E2:
K5, K6, K7, K8, K9, K10, K11, K12

Erzeugte Dreiecksliste von Element 1:

Δ1 K1, K2, K4
Δ2 K1, K2, K6
Δ3 K1, K3, K4
Δ4 K1, K3, K7
Δ5 K1, K5, K6
Δ6 K1, K5, K7
Δ7 K2, K4, K8
Δ8 K2, K6, K8
Δ9 K3, K4, K8
Δ10 K3, K7, K8
Δ11 K5, K6, K8
Δ12 K5, K7, K8

Erzeugte Dreiecksliste von Element 2:

Δ13 K5, K6, K8
Δ14 K5, K6, K10
Δ15 K5, K7, K8
Δ16 K5, K7, K11
Δ17 K5, K9, K11
Δ18 K5, K9, K10
Δ19 K6, K8, K12
Δ20 K6, K10, K12
Δ21 K7, K8, K12
Δ22 K7, K11, K12
Δ23 K9, K10, K12
Δ24 K9, K11, K12

Sortierte Knotenliste
K1 Δ1, Δ2, Δ3, Δ4, Δ5, Δ6
K2 Δ7, Δ8
K3 Δ9, 10
K5 **Δ11, Δ12, Δ13, Δ14,** Δ15, Δ16, Δ17, Δ18
K6 Δ19, Δ20
K7 Δ21, Δ22
K9 Δ23, Δ24

Durch Vergleich der Dreiecke in der sortierten Knotenliste können überlagerte Dreiecke (Δ11, Δ12, Δ13, Δ14) gefunden und zur Erzeugung der Hüllkurve eliminiert werden.

Bild 4-5: Reduktion von zwei Hexaeder-Elementen auf Dreiecke der Hüllkurve
Reduction of two hexaeders to an envelope of triangles

Am Beispiel von zwei Hexaeder-Elementen ist eine solche Reduktion in Bild 4-5 abgebildet. Nach der Zerlegung der quadratischen Volumenoberflächen in Dreiecke existiert von jedem Volumenelement eine Dreiecksliste. Diese Dreieckslisten können nach Knoten sortiert werden. Durch einen Vergleich der Dreiecke, die an einem Knoten hängen, können überlagerte Dreiecke gefunden und aus den Dreieckslisten eliminiert werden. Schließlich existiert nur noch die einhüllende Geometrie als Dreiecksliste.

Die Anzahl der Dreiecke korreliert nach diesem Extraktionsschritt unmittelbar mit der Auflösung, die der Ingenieur für das Finite-Elemente-Netz gewählt hat; lediglich innenliegende, nicht sichtbare Knoten sind bis hierher eliminiert worden. Für aussagekräftige FE-Ergebnisdaten muss die Auflösung des Netzes möglichst hoch sein – für die echtzeitfähige Visualisierung jedoch sollte die Anzahl der darzustellenden Dreiecke möglichst gering bleiben. Diese Thematik wird in Kapitel 5 eingehend untersucht.

4.4 Kinematikaufbereitung in StrukExm

Kinematic simulation in StrukExm

Bislang werden kinematische Informationen in CAD-Systemen erzeugt, bei denen die Erstellung der Gelenke und Vorgabe von Einschränkungen editorbasiert stattfinden. Teilweise bieten diese Programme auch die Möglichkeit, das Datenformat anderer Simulationsprogramme zu importieren. In solchen Fällen ist eine manuelle Erstellung der Gelenke nicht mehr notwendig. Im Bereich der interaktiven Simulationen existieren solche Editoren jedoch nicht oder werden nur von Drittanbietern bereitgestellt. Für Havok etwa sind Plugins für diverse 3D-Modellierungsprogramme [HAV08] erhältlich. Für die nicht-kommerziellen Systeme stehen meist nur begrenzte Importfunktionen zur Verfügung. Da sie oftmals als Bibliotheken in bestehende Programme eingebunden werden, wird mit diesen Programmen die Simulation von Hand erstellt.

Um unabhängig von einer beliebigen Verfahrposition einer Werkzeugmaschine eine Analyse der konstruktiven Schwachstellen durchführen zu können, bietet es sich an, auch die Generierung der kinematischen Informationen aus der UNV-Datei vorzunehmen. Werden lediglich Gestellbauteile und Koppelstellen in einer UNV-Datei automatisch identifiziert, so muss die relative Bewegung zwischen zwei Bauteilen von Hand zugewiesen werden, wie im Folgenden vorgestellt wird. Hingegen kann die Beschreibung der Bewegungsgleichungen zur Erzeugung einer Kinematiksimulation mit integrierter Kollisionskontrolle und Arbeitsraumuntersuchung automatisch erzeugt werden, wie in Kapitel 6 und 7 ausführlich beschrieben wird.

4.4.1 Identifikation der Koppelstellen und Gestellbauteile

Identification of joints and structure parts

Zur FE-Modellerstellung von Koppelstellen, wie Antriebe, Führungen oder Lager zwischen zwei Gestellbauteilen, bedient man sich sogenannter Repräsentanten, die die Steifigkeitswerte der entsprechenden Koppelstelle im FE-Modell abbilden. Bei diesen Repräsentanten handelt es sich um Federelemente, denen die entsprechenden translatorischen und rotatorischen Steifigkeitswerte, die schon vom Hersteller bekannt sind bzw. in externen Programmen vorberechnet werden können, zugewiesen werden. Zur geometrisch korrekten Repräsentation werden Stabelemente verwendet, die einerseits am Gestellbauteil gefesselt und anderseits mit dem Federelement verbunden sind [DAM04]. Diese Feder- und Stabelemente sind Bestandteil der Elementlisten der in Kapitel 4.3.1 vorgestellten UNV-Datei.

In Bild 4-6 ist ein Beispiel eines Repräsentanten eines Führungsschuhs und eines Wälzlagers im FE-Modell schematisch abgebildet. Sämtliche Repräsentanten einer kompletten Werkzeugmaschine werden in Bild 4-7 am Beispiel der Chiron FZ 12 gezeigt. Die Abbildung aller Lagerungs- und Antriebsarten erfolgt im Wesentlichen auf dieser Grundlage, einer Kombination aus Feder- und Stabelementen.

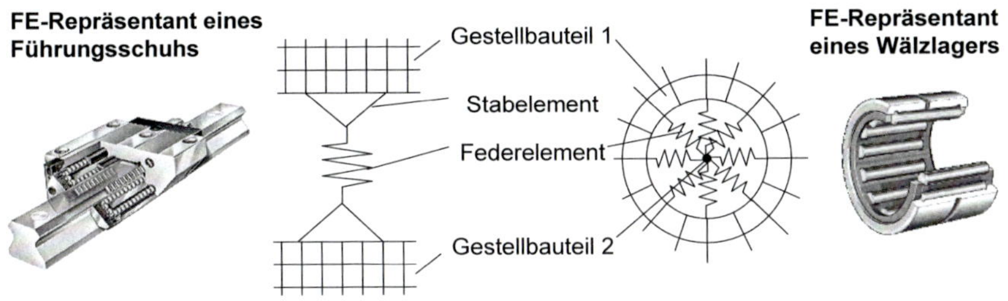

Bild 4-6: Repräsentant eines Führungsschuhs und eines Wälzlagers in einem FE-Modell

Representative of a guideway slider and a roller bearing in an FE model

Zur automatischen Identifikation von Gestellbauteilen und Koppelstellen werden die Elementlisten nach Federelementen durchsucht. Ist ein Federelement gefunden, so deutet dies darauf hin, dass auf der einen Seite des Federelementes ein anderes Gestellbauteil vorhanden sein muss als auf der anderen Seite; so findet eine erste Identifikation statt. Nach und nach werden über die Knoten des Gestellbauteils, die zwei oder mehr Elemente miteinander verbinden, sämtliche Elemente klassifiziert und dem entsprechenden Gestellbauteil zugewiesen.

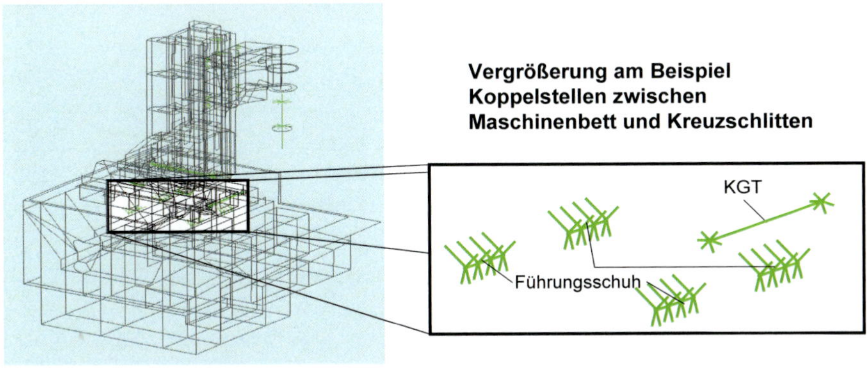

Bild 4-7: Koppelstellenrepräsentanten der Chiron FZ 12

Joint representative of the Chiron FZ 12

Wie in Bild 4-8 gezeigt wird, sind die einzelnen Gestellbauteile automatisch identifiziert worden und können separat ein- und ausgeblendet werden. Darüber hinaus ist eine individuelle Benennung der Bauteile durch den Anwender möglich.

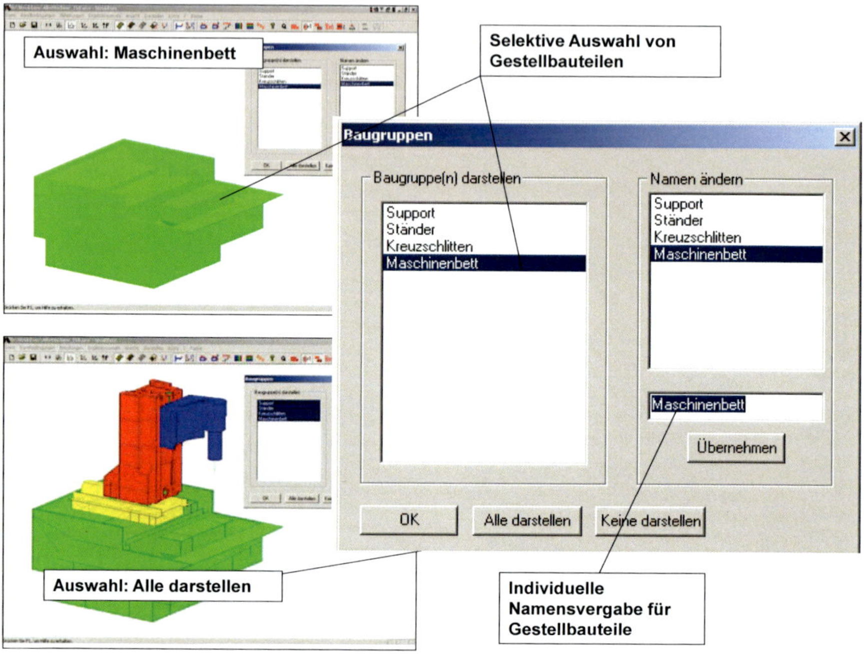

Bild 4-8: Bauteildefinition und -beschriftung
Part definition and naming

4.4.2 Automatisierte Bewegungsdefinition von Gestellbauteilen

Automated moving definition of structure parts

Nachdem Koppelstellen und Gestellbauteile identifiziert worden sind, können nun in einem weiteren Schritt die Bewegungen der einzelnen Koppelstellen zwischen zwei Gestellbauteilen definiert werden. Aus diesen Definitionen werden automatisch die für die Bewegungssimulation nötigen Bewegungsgleichungen generiert, wie in Kapitel 6 eingehend beschrieben wird. In Bild 4-9 wird das menügestützte Vorgehen dargestellt.

Der Anwender erhält in einem Menü sämtliche Koppelstellen zwischen zwei Bauteilen aufgelistet. Ist ein Bauteil, in diesem Beispiel das Maschinenbett, relativ zur Umgebung gefesselt, so wird die Information mit dem Kommentar „(fest)" hinter dem entsprechenden Gestellbauteil aufgeführt. Die Auswahl einer Koppelstelle wird am Bildschirm dadurch unterstützt, dass ausschließlich die Gestellbauteile der ausgewählten Koppelstellen dargestellt werden. Gleichzeitig zur Möglichkeit der Auswahl von Koppelstellen erscheinen in der rechten Menühälfte sämtliche Informationen über die verwendeten Koppelstellen zwischen den gewählten Bauteilen. In diesem Fall sind Definitionen der Führungsschuhe sowie der Kugelgewindespindel vorhanden, die aus der UNV-Datei ausgelesen wurden. Bei diesen Definitionen handelt es sich um Steifigkeitswerte, die wiederum in der unteren Hälfte des Menüs angezeigt werden, sobald eine Definition, wie hier die der Führungsschuhe, gewählt wird. Mit der Auswahl einer Definition erscheint im Modell ein Pfeil mit der entsprechenden freien Bewegungsachse.

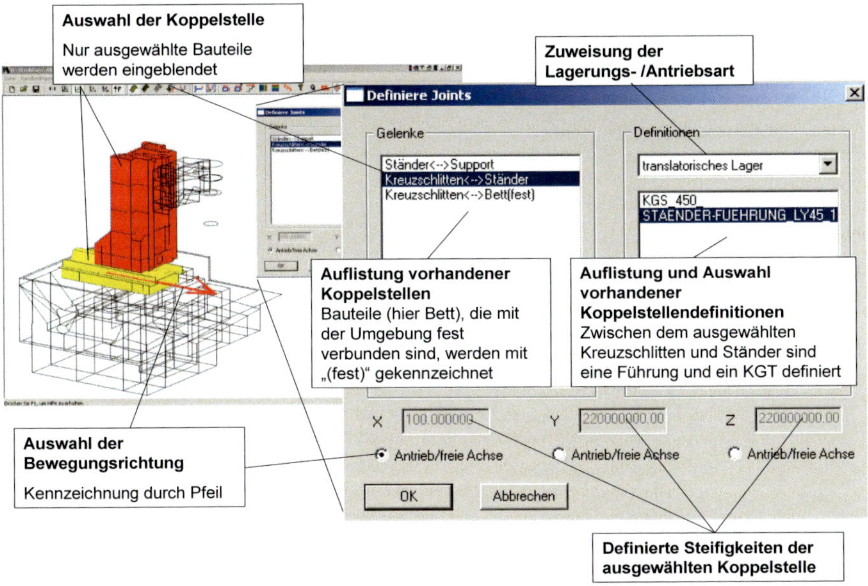

Bild 4-9: Koppelstellenzuweisung
Joint allocation

Diese Bewegungsachse wird auf Grund hinterlegter Regeln selbstständig gefunden. Beispielsweise ist das Steifigkeitsverhalten eines Führungsschuhs nur quer und senkrecht zur Bewegungsrichtung gegeben. Für die Verfahrrichtung ist im FE-Programm ein beliebig kleiner Wert ungleich null hinterlegt worden (in Bild 4-9 bzw. Gl. 4.1 ist dieser Wert 100 mN/mm), der für die nötige numerische Stabilität des Lösungssystems sorgt. In diesem Fall beträgt die Steifigkeit des Führungsschuhs:

$$\underline{k} = \begin{pmatrix} k_x \\ k_y \\ k_z \end{pmatrix} = \begin{pmatrix} 100 \\ 220 \quad 10^6 \\ 220 \quad 10^6 \end{pmatrix} \frac{mN}{mm} = \begin{pmatrix} 0{,}000001 \\ 220 \\ 220 \end{pmatrix} \frac{N}{\mu m}. \qquad \text{Gl. 4.1}$$

Dementsprechend wird die freie Achse in X-Richtung festgelegt. Ähnlich kann die Verfahrrichtung zweier Maschinenbauteile aus der Steifigkeit des Kugelgewindetriebs automatisch ermittelt werden, da in der Regel im FE-Programm idealisiert dem Kugelgewindetrieb nur in Bewegungsrichtung ein nennenswerter Steifigkeitswert zugewiesen wird. Auf Grund der Vielzahl an unterschiedlichen Definitionsmöglichkeiten ist weiterhin die Option gegeben, die

Bewegungsrichtung selbst vorzuwählen, was durch die Rückkopplung der Pfeilrichtung visuell kontrolliert werden kann.

Der Anwender kann unter folgenden Möglichkeiten wählen:

- Fest
- Rotatorisches Lager
- Translatorisches Lager
- Kugelgelenk-Lager
- Rotatorischer Antrieb
- Translatorischer Antrieb
- Kugelgelenk-Antrieb

Die entsprechende Auswahl zwischen Lager und Antrieb ist an dieser Stelle sinnvoll, da im weiteren Verlauf der Arbeit gezeigt wird, wie nicht nur der TCP zur Bewegungssimulation genutzt werden, sondern auch jeder Antrieb einzeln angesteuert werden kann, um den TCP zu verfahren.

Entsprechend der Wahl des Anwenders lässt sich bei einem rotatorischen Lager (z. B. Wälzlager) eine frei wählbare Drehachse oder bei einem translatorischen Lager (z. B. Führungsschuh) eine Bewegungsachse definieren. Zwei Bauteile können „fest" im Sinne einer Bewegungssimulation miteinander verbunden sein, wenn es sich hierbei beispielsweise um Dämpfungselemente handelt, die auch gemäß der Definition als Koppelstellen identifiziert werden.

Der Aufwand dieser Zuordnung ist begrenzt und muss nur einmal erbracht werden. Das in Bild 4-9 abgebildete Werkzeugmaschinenmodell weist lediglich drei Gelenke auf; daher kann die Kinematik beinahe in Echtzeit generiert werden. Die so erzeugten Definitionen, Gestellbauteilidentifikationen und -benennungen werden in einer zur UNV-Datei getrennten INI-Datei abgelegt, die, wie in Kapitel 6 beschrieben, zur automatischen Generierung der Maschinenkinematik dient.

4.5 VR-Preprocessing

VR preprocessing

Als VR-Preprocessing werden alle in dem Programm StrukExm vorgenommenen Vorverarbeitungsschritte bezeichnet, die für das Übertragen eines FE-Modells in eine VR-Umgebung notwendig sind. Dazu zählen:

- Überführung sämtlicher FE-Elementtypen in einheitliche Oberflächendreiecksnetze (Kapitel 4.3.1)
- Vorabreduktion von FE-Volumenmodellen (Kapitel 4.3.2)
- Bauteilidentifikation (Kapitel 4.4.1)
- Identifikation der Koppelstellen (Kapitel 4.4.2) sowie Generierung der Kinematik (Kapitel 6.2)
- Reduktion von Dreiecksnetzen mit und ohne Ergebnisdaten (Kapitel 5.3 und 5.4)

Nach diesen Vorverarbeitungsschritten kann die VR-Umgebung aus dem Programm StrukExm heraus aufgerufen werden. Somit steht das FE-Modell zur interaktiven Analyse in der VE zur Verfügung. Als VR-System wird in der vorliegenden Arbeit das Programm ViSTA verwendet, welches im nachstehenden Kapitel vorgestellt wird.

4.6 FE-Postprocessing in der VE

FE postprocessing in a VE

ViSTA (Virtual Reality for Scientific Technical Applications) ist eine Softwareplattform, die es grundsätzlich erlaubt, mit verschiedenen Techniken und unterschiedlichen wissenschaftlichen Anwendungen in einer Virtuellen Umgebung zu arbeiten [REI00]. Sie wurde am Rechen- und Kommunikationszentrum der RWTH Aachen entwickelt und steht als Open Source zur Verfügung. Im Rahmen der Arbeit konnte ViSTA in das oben beschriebene Programm StrukExm so integriert werden, dass eine Virtuelle Umgebung direkt aus StrukExm aufgerufen werden kann. Im Hintergrund werden alle in Kapitel 4.4 beschriebenen VR-Preprocessingschritte abgerufen und in eine für ViSTA konforme Datenstruktur überführt.

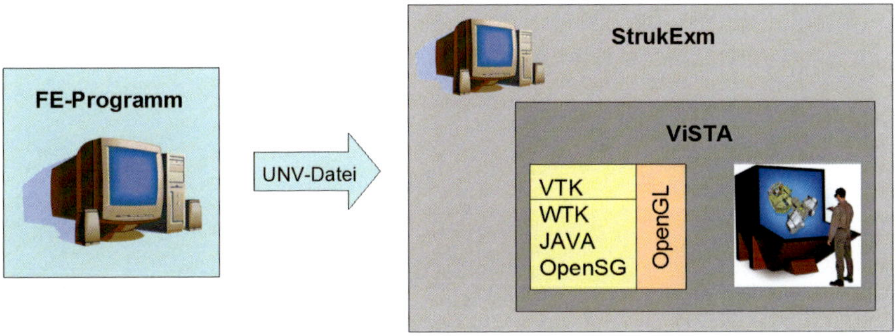

Bild 4-10: Integration von ViSTA in StrukExm

Integration of ViSTA into StrukExm

Hinter ViSTA verbirgt sich ein VR-System, das sämtliche Effektoren einer Virtuellen Umgebung anspricht. So ermöglicht ViSTA die graphische Ausgabe auf verschiedene 3D-Systeme (z. B. Holobench, CAVE und Stereomonitor, vgl. Kapitel 2.2.2.2.1) und erlaubt dadurch eine immersive 3D-Ansicht der Virtuellen Welt. ViSTA unterstützt ebenfalls mehrere Tracking-Systeme. Hierdurch ist es zum einen möglich, die Darstellung der Szene immer auf die Position der getrackten Person anzupassen, um so eine realistische 3D-Darstellung zu erzielen. Zum anderen können durch das Tracking eines Eingabegerätes sechsdimensionale Eingabedaten verarbeitet und für die Anwendung herangezogen werden (vgl. Kapitel 2.2.2.1).

Zum Rendern benutzt ViSTA als Grundlage einen Szenengraphen, der jedoch nicht eigens implementiert worden ist, sondern aus bestehenden Toolkits, Java3D und WTK, stammt. Da die verwendeten Szenengraphen bezüglich des Renderns meist nur Basisfähigkeiten aufweisen, ist die VTK-Bibliothek integriert worden, die eine Fülle von Funktionen zur Visualisierung wissenschaftlicher Daten enthält. Auf Grund der verwendeten Bausteine ist ViSTA systemunabhängig und läuft z. B. auf diversen UNIX Systemen (HP, Sun, SGI), aber auch auf Linux- und Windows-Plattformen. ViSTA bietet außerdem noch zahlreiche auf der Basissoftware aufsetzende Zusatzmodule, etwa zur Strömungssimulation, zur Einbindung von Mediendaten oder Bibliotheken zur Parallelisierung, falls rechenintensive Funktionen auf einen Hochleistungsrechner ausgelagert werden sollen, die für die hier vorgestellten Anwendungen allerdings nicht benötigt werden.

5 Reduktion polygonaler Netze für die Visualisierung in der VR

Polygonal mesh reduction for visualisation in a VR

Die Visualisierung eines dreidimensionalen bewegten Gegenstandes auf einem zweidimensionalen Ausgabemedium wird von verschiedenen Faktoren beeinflusst. Den größten Rechenaufwand übernimmt dabei die Graphikkarte, indem sie eine bestimmte Anzahl von Polygonen in einer begrenzten Bildwiederholfrequenz (Framerate) und Bildschirmauflösung berechnet. Dreidimensionale Gegenstände werden für die Visualisierung rechnerintern immer in Polygonen zusammengefasst, wobei die Polygone im einfachsten Fall nur aus Dreiecken bestehen (s. Kapitel 2.2.3.3). Der Betrachtungswinkel, die Farbe, der Schatten etc. muss für jedes Dreieck für jeden Bildaufbau neu berechnet werden. Somit hat die Anzahl der Polygone eines Modells direkten Einfluss auf die Geschwindigkeit der Berechnung eines Bildes. Unterschreitet die Bildwiederholfrequenz einen bestimmten Wert, so ist ein ‚ruckelfreies' Arbeiten nicht mehr möglich.

Für die Visualisierung eines dreidimensionalen bewegten Gegenstandes in einer Virtuellen Umgebung gelten die gleichen Gesetzmäßigkeiten, jedoch ist hier der Visualisierungsaufwand um ein Vielfaches höher. Häufig werden für die Visualisierung nicht nur eine, sondern bis zu sechs Projektionsflächen herangezogen (vgl. Kapitel 2.2.2.2.1), wobei für jede Projektionsfläche ein eigenständiges Teilbild berechnet werden muss.

Durch die Verwendung einer aktiven stereoskopischen Darstellung in der VE verdoppelt sich wiederum der Rechenaufwand, da für jedes Auge ein eigenes Bild zu berechnen ist; die entstehenden Bilder werden abwechselnd auf einer Projektionsfläche abgebildet. Zudem muss das Bild dem sich ständig ändernden Betrachtungswinkel des Anwenders angepasst (getrackt) werden.

In absehbarer Zukunft werden die Rechnerleistungen nicht so weit gesteigert werden können, dass sich FE-Modelle komplexer Werkzeugmaschinen ohne Netzreduktion für eine zufriedenstellende Visualisierung in einer VE eignen. Aus diesem Grund ist die Reduktion polygonaler Netze ein wesentlicher Bestandteil für die Visualisierung einer interaktiven FE-Analyse in einer Virtuellen Umgebung.

Ziel der folgenden Unterkapitel ist, Methoden zu identifizieren, vorzustellen und zu untersuchen, die die Anzahl der Dreiecke unter Berücksichtigung der relevanten Anforderungen reduzieren, ohne dabei Qualität und Aussagekraft der Darstellung bei der Visualisierung in einer Virtuellen Umgebung zu mindern.

Für diese Reduktion bestehen zwei Anwendungsfälle mit verschiedenen Anforderungen:

- Anwendungsfall 1: Geometrievisualisierung ohne Ergebnisdarstellung (Farbattribute)
- Anwendungsfall 2: Geometrievisualisierung inklusive Berechnungsergebnissen sowie mit Farbattributen

Beim ersten Anwendungsfall soll es in der VE möglich sein, die Kinematik einer Maschine interaktiv darzustellen. Für die Visualisierung der reinen Maschinengeometrie sind dafür deutlich weniger Dreiecke erforderlich, als sie das Finite-Elemente-Netz enthält. Insbesondere ebene Flächen, die mit einem dichten Netz belegt sind, können mit wesentlich weniger Dreiecken repräsentiert werden. Typischerweise treten im Werkzeugmaschinenbau viele solcher einfachen, flachen Formen auf, so dass hier hohe Reduktionsraten zu erreichen sind.

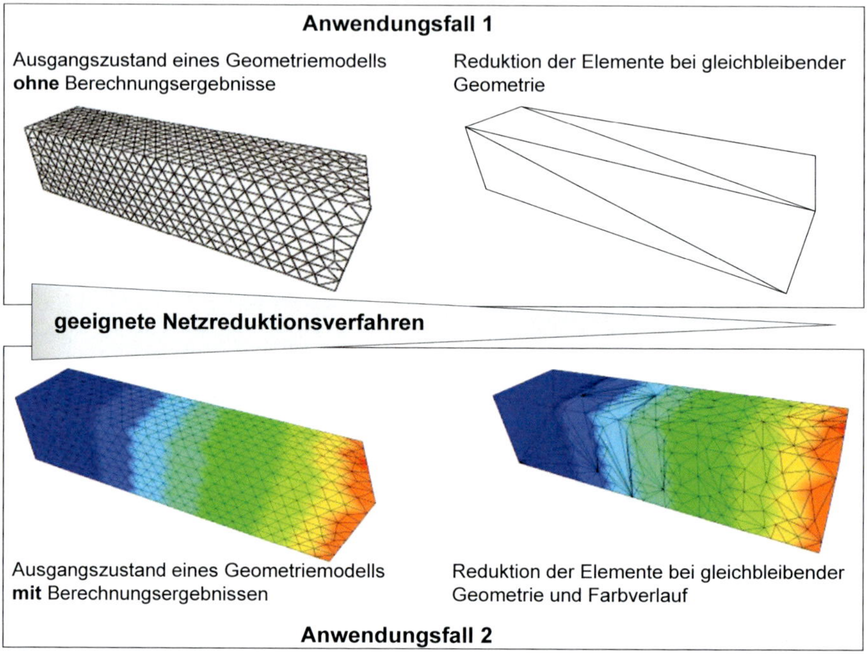

Bild 5-1: Netzreduktion mit und ohne Berechnungsergebnisse
Mesh reduction with and without result set

Das einfache Balkenobjekt in Bild 5-1 links oben besteht nach dem Einlesen der Universal-Datei und der Vorabreduktion aus Kapitel 4.3.2 noch immer aus über 1700 Dreiecken. Die vier Seiten des Balkens können, wie in Bild 5-1 rechts oben zu sehen, verlustfrei durch jeweils zwei und daher insgesamt durch nur acht Dreiecke repräsentiert werden. In diesem idealisierten Fall ist somit die Komplexität der reduzierten Geometrie im Vergleich zum nicht vereinfachten Objekt um mehr als den Faktor 200 niedriger.

Im zweiten Anwendungsfall kommt neben der Geometrie die für eine interaktive Darstellung der Berechnungsergebnisse benötigte Farbskalierung hinzu. Eine solche Farbskalierung hilft dem Konstrukteur bei der Beurteilung der Simulationsergebnisse, wie z. B. Verlagerungs- oder Spannungsergebnisse. Zur farblichen Aufbereitung, beispielsweise eines Verlagerungsergebnisses, wird über die Kenntnis der maximalen Verformung eine Farbskala definiert. Der Wertebereich zwischen der minimalen und maximalen Verformung wird in endlich gleiche Bereiche unterteilt. Jedem Bereich wird eine Farbe zugeordnet, wobei üblicherweise Rotwerte für die Maximalwerte und Blauwerte für die Minimalwerte verwendet werden. Das Berechnungsergebnis liegt an jedem Knoten vor und wird entsprechend seinem Wert in einen Farbbereich eingeordnet. Somit steht der Farbwert an jedem Knoten fest. Besitzt ein Element an seinen Knoten unterschiedliche Farbwerte, so wird ein glatter Farbverlauf auf der Elementoberfläche berechnet.

Bedingt durch die in dieser Arbeit gewählten und in Kapitel 4.4 näher erläuterten Vorgehensweise, müssen bei der Vereinfachung des Modells gleichzeitig sowohl für die Darstellung der Geometrie als auch für die aussagekräftige Darstellung der Farbskalierung ausreichend viele Dreiecke erhalten bleiben. Wie in Bild 5-1 unten zu erkennen ist, bilden sich hier im Fall einer Verformungsberechnung größere gleichfarbige Bereiche, die zunächst aus zahlreichen Dreiecken bestehen. Diese Bereiche können durch eine geeignete Zusammenfassung mit einer geringeren Anzahl von Dreiecken dargestellt werden. Das Ergebnis einer solchen Reduktion zeigt Bild 5-1 rechts unten, in der das farbige Netz auf die Hälfte der Dreiecksanzahl reduziert wurde.

Abhängig vom Anwendungsfall können bestimmte Anforderungskriterien an das Reduktionsverfahren gestellt werden.

Nachfolgend sind einige wesentliche Anforderungskriterien aufgeführt, die im weiteren Verlauf zur Überprüfung eines geeigneten Reduktionsalgorithmus herangezogen werden:

- Die vielen einfachen und geradlinigen geometrischen Formen, die in Werkzeugmaschinenmodellen zu erwarten sind, lassen Deformationen der Originalgeometrie leicht erkennen. Die Erhaltung von Randkanten (vgl. Kapitel 2.2.3.3.1) hat somit eine sehr hohe Priorität.
- Es ist unvermeidlich, dass durch den Konstruktions- bzw. Modellierungsprozess einer Werkzeugmaschine nicht-mannigfaltige Netze entstehen (vgl. Kapitel 2.2.3.3.1). Der Algorithmus muss somit unabdingbar die darin enthaltenen Merkmalkanten geeignet behandeln können.
- Das Verfahren muss im Hinblick auf den oben beschriebenen zweiten Anwendungsfall (Reduktion mit Farbattributen) die Berücksichtigung von Knoten-Farbattributen bei der Reduktion ermöglichen.
- Um eine hohe Reduktionsrate zu erzielen, kann es wünschenswert sein, die Topologie des Netzes (vgl. Kapitel 2.2.3.3.1) zu verändern. Dies sollte der Algorithmus daher erlauben, wenn auch nur mit geringer Priorität.

5.1 Grundlagen der Netzreduktion

Basics of mesh reduction methods

In den nachfolgenden Unterkapiteln werden die verschiedenen Reduktionsalgorithmen vorgestellt und in Bezug auf ihre Verwertbarkeit entsprechend der oben aufgeführten Anforderungskriterien beurteilt.

5.1.1 Vertex Decimation

Vertex Decimation

Bei den Dezimierungsalgorithmen wird das Originalnetz durch sukzessives Entfernen von Knoten oder Dreiecken ausgedünnt. Diese Algorithmen sind ohne besondere Maßnahmen nur für mannigfaltige Netze geeignet; auch ist die Änderung der Topologie meistens nicht durchführbar. Der Algorithmus, der in Kapitel 5.3.1 vorgestellt wird, funktioniert nach diesem Prinzip und wird dort näher beleuchtet.

5.1.2 Iterative Kantenkontraktion

Iterative edge collapse

Die in die Kategorie der iterativen Kantenkontraktion fallenden Verfahren können als eingeschränkte Spezialfälle der Dezimierung bezeichnet werden. So lässt sich die Entfernung von Knoten und von Dreiecken allein über die Kontraktion von Kanten formulieren. Das Verschmelzen von zwei Knoten zu einem gemeinsamen ist hier als einzige Vereinfachungsoperation möglich. Dabei stehen zwei Möglichkeiten zur Verfügung: zum einen der sogenannte edge collapse, zum anderen der half edge collapse. Beim edge collapse wird ein gemeinsamer neuer Verschmelzungspunkt errechnet, der die neu entstehenden Dreiecke möglichst mit gleichen Kantenlängen versieht. Bei der anderen Möglichkeit, dem half edge collapse, wird kein neuer Knoten erzeugt. Vielmehr wird durch die Bestimmung der Entfernung sämtlicher Knoten zueinander berechnet, welcher Knoten so entfernt werden kann, dass die dann neu entstehenden Dreiecke möglichst gleich groß werden. Bild 5-2 illustriert die beiden verschiedenen Möglichkeiten.

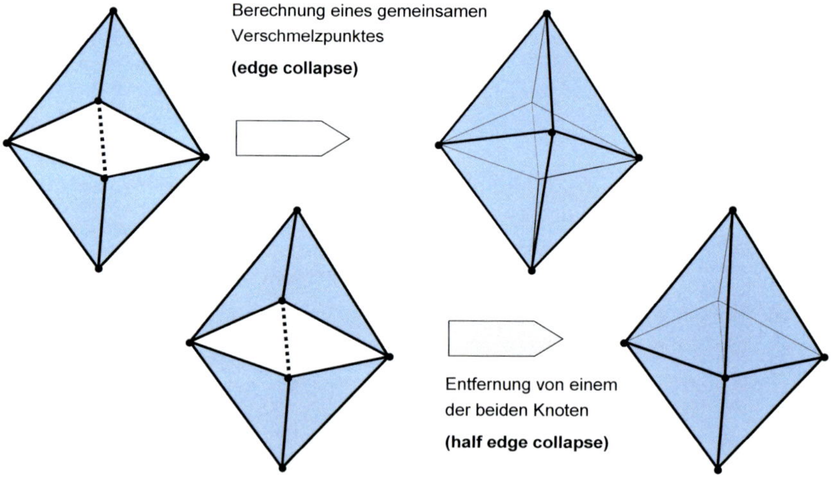

Bild 5-2: Verschiedene Arten der Kantenkontraktion

Different ways of edge collapse

Bei mannigfaltigen Netzen mit Randkanten werden so im Inneren des Netzes mit jeder Kantenkontraktion zwei Dreiecke und beim Kontrahieren von Randkanten ein Dreieck eliminiert. Dieses Prinzip – durch seine Eindeutigkeit erweist es sich als sehr robust und flexibel – bildet die theoretische Grundlage für die in Kapitel 5.3.1 und 5.4 detailliert vorgestellten Verfahren. Realisierbar sind auf diese Weise sowohl die Reduktion nicht-mannigfaltiger Netze als auch die Änderung der Netztopologie sowie die geeignete Einbeziehung von Knotenattributen bei der Reduktion.

5.1.3 Progressive Netze

Progressive meshes

Die von Hoppe eingeführten progressiven Netze (progressive meshes) stellen eine spezielle Umsetzung der iterativen Kantenkontraktion dar [HOP96]. Das Originalnetz wird durch sukzessives Verschmelzen von Kanten kontinuierlich in ein vereinfachtes Basisnetz überführt. Die Knotenmenge des Basisnetzes ist dabei eine Teilmenge der Knotenmenge des Originalnetzes. Es werden also keine neuen Knotenkoordinaten erzeugt. In einer sehr kompakten und effizienten Multiresolution-Datenstruktur werden für jeden Vereinfachungsschritt alle relevanten Informationen gespeichert. Dadurch ist sichergestellt, dass das Basisnetz zusammen mit der gespeicherten Reihenfolge der im Laufe der Reduktion erfolgten Kantenkontraktionen vorhanden bleibt. Weil alle Informationen eindeutig sind und somit jede einzelne Kantenkontraktion reversibel ist, kann aus einem einmal berechneten progressiven Netz jede beliebige Detailstufe zwischen Basis- und Originalnetz extrahiert werden. Diese Datenstruktur ist besonders für die inkrementelle Übertragung von Geometriedaten über Netzwerke und für Anwendungen, in denen für Objekte viele verschiedene Auflösungsstufen mit kontinuierlichen Übergängen benötigt werden, sehr sinnvoll. Das Konzept der progressiven Netze kann zweckmäßig bei der Integration einer Animation von Ergebnisdaten eingesetzt werden.

5.1.4 Quadriken-Fehlermetrik

Quadric error metrics

Die Quadriken-Fehlermetrik, die von Garland entwickelt wurde [GAR97], stellt kein eigenes Reduktionsverfahren dar, sondern ist eine besonders kompakte und vergleichsweise wenig berechnungsintensive Fehlermetrik, welche sich mit verschiedenen algorithmischen Ansätzen kombinieren lässt und über die geometrischen Informationen von Netzen und Knoten auch weitere Informationen behandeln kann, wie z. B die oben aufgeführten Berechnungsergebnisse, die an jedem Punkt hinterlegt sind. Insbesondere die Kombination der Quadriken-Fehlermetrik mit der iterativen Kantenkontraktion ergibt ein Reduktionswerkzeug mit einer sehr günstigen Mischung aus erzielbarer Ergebnisqualität, hoher Geschwindigkeit und Flexibilität. Die in Kapitel 5.4 näher untersuchten Algorithmen basieren auf dieser Grundidee.

5.1.5 Weitere Netzreduktionsmethoden

Other mesh reduction methods

Andere Verfahrensarten sollen in diesem Zusammenhang nur kurz genannt werden, da sie für FE-Modelle von Werkzeugmaschinen ungeeignet sind. Die sogenannten Out-of-Core-Algorithmen sind speziell für die Vereinfachung sehr großer Netze entwickelt worden, die die

Leistungsfähigkeit der heute vorhandenen Arbeitsspeichergrößen übersteigen; Netze dieser Größenordnung sind in Werkzeugmaschinenmodellen jedoch nicht zu erwarten.

Bei wavelet-basierten Verfahren wird ein Netz in ein Basisnetz und eine hierarchische Folge von Oberflächendetails zerlegt. Es muss jedoch die Voraussetzung erfüllt sein, dass das Netz partitionierbar ist. Dies ist zumeist nicht der Fall bzw. nur mit erheblichem Aufwand sicherzustellen; zudem wird die erreichbare Reduktionsrate durch diese Forderung eingeschränkt. Darüber hinaus muss die Topologie zwischen dem Originalnetz und einer beliebigen Approximation zwingend identisch sein. Ein auf der Wavelet-Zerlegung basierendes Multiresolution-Verfahren wird in [ECK95] vorgestellt.

Für die Darstellung sehr großer Modelle, wie sie etwa bei Visualisierungen im Architekturbereich oder im Großanlagenbau auftreten, eignen sich die blickpunktabhängigen Verfahren [LUE97], [ELS99]. Sie beruhen auf der Annahme, dass die Zahl der darzustellenden Dreiecke stark reduziert werden kann, indem alle Teile des Modells nur dann hoch aufgelöst werden, wenn sie sich im Nahsichtbereich des Betrachters befinden. Die im Maschinenbau zu erwartenden Modellgrößen sind allerdings nicht von einer solchen Dimension, dass ein Geschwindigkeitsvorteil durch den Einsatz blickpunktabhängiger Verfahren zu erwarten ist.

Andere Verfahren wie Vertex Clustering, Mesh Optimization, Simplification Envelopes oder Re-Sampling sollen erwähnt werden, eignen sich allerdings für die hier vorliegenden Anforderungen ebenfalls nicht. Diese Verfahren werden in [LOW97], [ROS93], [HOP93] und [COH96] näher beschrieben.

5.2 Reduktion von FE-Netzen

Reduction of FE meshes

Die verschiedenen grundlegenden Ansätze für die Vereinfachung polygonaler Netze wurden in Kapitel 5.1 vorgestellt und kurz bewertet. Damit Lösungen für die vorliegende Problematik gefunden werden können, wurden die erfolgversprechenden Methoden analysiert und für die frei verfügbaren Implementationen praktischen Untersuchungen unterzogen.

Bei den Implementationen, die im Quellcode verfügbar sind, handelt es sich um:

- das Kommandozeilenprogramm Qslim [QSL08]
- verschiedene Klassen des Visualisation Toolkit (VTK) [VTK08]
- die Bibliotheken VDSlib [VDS08], Multi-Tesselation Package (MT-Package) [MTP08]
- OpenMesh [BOT08] und GNU Triangulated Surface Library (GTS Library) [GNU08]
- den Mesh Simplification Viewer [SOM08] und das Kommandozeilenprogramm Mesh Decimation [GAR08]

Für den Einsatz im Bereich blickpunktabhängiger Verfahren bzw. Multiresolution-Anwendungen sind die speziellen Datenstrukturen besonders geeignet, die die Bibliotheken VDSlib und MT-Package bieten. Allerdings findet dieses Verfahren hier aus den in Kapitel 5.1.5 beschriebenen Gründen keine Anwendung. Ebenso ist es zwar erstrebenswert, verschiedene Auflösungsstufen eines Modells erzeugen zu können, um entsprechend der jeweiligen Situation bei der Visualisierung zwischen ihnen zu wählen, doch die Benutzung einer auf Multiresolution-Anwendungen optimierten Implementation ist nicht vorteilhaft, da sich ähnliche Ergebnisse auch mit weniger Aufwand über die Generierung von progressiven Netzen erzielen lassen.

Als umfangreiche Implementationen effizienter Datenstrukturen für die allgemeine Repräsentation und Manipulation von Netzen beinhalten OpenMesh und die GTS Library auch verschiedene Verfahren zur Netzvereinfachung. Die damit erzielbaren Ergebnisse erweisen sich zum einen als nicht besser als diejenigen, die mit den weiter unten vorgestellten Algorithmen erreichbar sind, insbesondere aber werden die zu Beginn in Kapitel 5 formulierten Anforderungen nicht alle erfüllt. Nicht möglich sind die Behandlung von Merkmalkanten [BOT08] und die Integration von Knotenattributen.

In Bezug auf ihre Ausgereiftheit sind zwei weitere untersuchte Programme, Mesh Simplification Viewer und Mesh Decimation, nicht mit den anderen vergleichbar. Untersuchungen haben gezeigt, dass die Ergebnisse ihrer Netzreduktionsverfahren nur von mangelhafter Qualität für die hier gegebene Problematik sind.

Das Programm Mesh Decimation stellt eine Implementation des in Kapitel 5.1.1 vorgestellten Vertex-Decimation-Verfahrens mit einfacher Randkantenerkennung dar. Optimale Ergebnisse werden bei simplen geschlossenen Körpern, etwa einem Quader, erreicht. Zu mangelhaften Ergebnissen führen jedoch bereits Netze mit Randkanten. Da Knoten auf Randkanten lediglich erkannt und für eine Entfernung gesperrt, nicht aber als Sonderfall geeignet einbezogen werden, gelangt man bereits früh zur größtmöglichen Stufe der Vereinfachung.

Der Mesh Simplification Viewer beinhaltet drei verschiedene Implementationen von Fehlermetriken, die jeweils mit der iterativen Kantenkontraktion als Vereinfachungsoperation kombiniert werden: zwei Formen der Quadriken-Fehlermetrik und die in Kapitel 2.2.3.3.2 erwähnte Metrik nach Melax. Unterzieht man alle drei Metriken praktischen Untersuchungen, so zeigt sich, dass die Qualität bei höheren Vereinfachungsraten schnell mangelhaft wird. Es ist also mehr Aufwand nötig als allein bei der Implementation einer Fehlermetrik, um die Qualität des vereinfachten Netzes sicherzustellen.

Zwei Verfahren für jeweils verschiedene Verwendungszwecke erweisen sich für die Erfüllung der zu Beginn von Kapitel 5 aufgestellten Anforderungskriterien als gut geeignet:

- Für die Reduktion der Netze **ohne** Farbattribute ist dies die in einer Klasse des Visualisation Toolkits implementierte Form der iterativen Kantenkontraktion,
- für die Reduktion der Netze **mit** Farbattributen die in Qslim implementierte Form der iterativen Kantenkontraktion in Kombination mit der Quadriken-Fehlermetrik.

5.3 Reduktion ohne Farbattribute

Reduction without colour attributes

5.3.1 Netzdezimierung

Mesh decimation

Schroeder u. a. stellen in ihrem 1992 erschienenen Beitrag „Decimation of Triangle Meshes“ [SCH92] – eine der ersten wesentlichen Arbeiten zum Thema Netzvereinfachung – einen Algorithmus vor, der das Ausdünnen von Netzen ermöglicht.

Der Algorithmus entscheidet in mehreren Durchläufen über die Menge aller Knoten jeweils für einen einzelnen Knoten, ob er entfernt werden kann oder nicht: Wenn durch eine Entfernung die lokale Topologie des Netzes in der direkten Umgebung des Knotens nicht verändert und ein durch den Benutzer spezifizierter Fehlerschwellenwert nicht überschritten wird, dann werden der untersuchte Knoten und alle angrenzenden Dreiecke entfernt und das dadurch entstehende Loch durch Wiedervernetzung (Retriangulation) geschlossen.

Durch die Iteration der folgenden drei Schritte wird eine Netzdezimierung durchgeführt:

- Die geometrischen und topologischen Eigenschaften der Umgebung des Knotens werden bestimmt.
- Es wird geprüft, ob der entstehende Fehler unter dem festgesetzten Schwellenwert liegt.
- Das entstandene Loch wird retrianguliert.

Diese drei Schritte werden so lange wiederholt, bis ein vom Benutzer durch verschiedene Parameter spezifizierbares Abbruchkriterium erreicht ist. Die Entfernung eines Knotens ist als Beispiel in Bild 5-3 verdeutlicht.

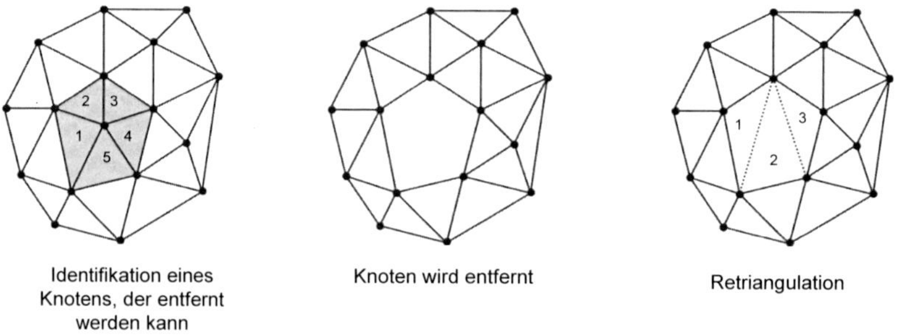

Bild 5-3: Einfache Netzdezimierung

Simple mesh decimation

5.3.2 Netzdezimierung mit Topologieänderung oder Knotenaufspaltung

Mesh decimation with change of topology or node splitting

Der in Kapitel 5.3.1 vorgestellte Dezimierungsalgorithmus wurde 1997 von Schroeder derart erweitert [SCH97], dass Änderungen an der Topologie des Netzes durch eine Kantenkontraktion und ggf. auch durch eine Knotenaufspaltung möglich werden. Damit können höhere Vereinfachungsraten erzielt werden. Hierdurch gelingt die Verarbeitung bzw. Reduktion nicht-mannigfaltiger Geometrien deutlich besser. Dadurch dass die Hauptoperation der Dezimierung, die Entfernung von Knoten mit anschließender Retriangulierung, durch die Kontraktion von Kanten ersetzt wird, kann das Ergebnis als ein progressives Netz (vgl. Kapitel 5.1.3) gespeichert werden. Die entscheidende Erweiterung des Algorithmus – neben einigen Verbesserungen – ist die Möglichkeit, dass das Netz im Laufe der Reduktion oder auch bereits in einem Vorverarbeitungsschritt an den Knoten aufgespalten werden kann, in deren Umgebung sonst keine Vereinfachung möglich wäre.

Außerdem wurde die Verwendung einer Prioritätenliste eingeführt. Während der Klassifikation der Knoten wird jeweils in Abhängigkeit des Ergebnisses ein Fehlerwert berechnet und der Knoten in die Prioritätenliste eingefügt. Höchste Priorität erhält dabei der Knoten mit dem niedrigsten Fehlerwert. In einem nächsten Schritt werden die Knoten wieder – in absteigender Reihenfolge – aus der Liste herausgenommen, wobei jeweils geprüft wird, ob der Knoten im Netz eliminiert werden kann. Dies erfolgt nun nicht mehr durch die Entfernung des Knotens und durch die Retriangulierung des Lochs, sondern indirekt über die Durchführung einer zulässigen Kantenkontraktion. Dazu wird die kürzeste an den zu entfernenden Knoten stoßende Kante gewählt. Für den Fall, dass hierzu Merkmalkanten gehören, wird die kürzeste von diesen benutzt. Die Kontraktion ist genau dann zulässig, wenn das Netz auch nach ihrer Durchführung frei von Überlappungen und Selbstschneidung bleibt. Zugelassen wird jedoch, dass sich durch einzelne Kontraktionen die Topologie des Netzes ändert. So können sich Löcher innerhalb des Netzes schließen, und es kann unter Umständen ein nicht-mannigfaltiges Netz mit einer Merkmalkante entstehen. Bild 5-4 skizziert Beispiele für beide Fälle.

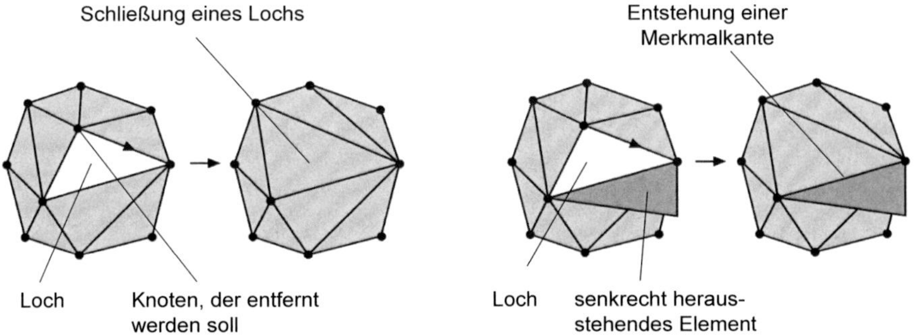

Bild 5-4: Beispiele für Netzdezimierung mit Topologieänderung
Examples for mesh decimation with change of topology

Falls im Laufe der Vereinfachung des Netzes an den Knoten einer Rand- oder Merkmalkante, die anfangs von der Entfernung ausgeschlossen wurden, keine weitere Reduktion mehr möglich ist, werden diese aufgespalten. Dazu wird zunächst ein Knoten mit denselben Koordinaten dupliziert und dann das Netz an dieser Stelle aufgeschnitten. Somit können

z. B. aufeinander treffende vernetzte Flächen separat behandelt werden, und eine Knotenreduktion auf der Merkmalkante kann stattfinden.

Die Berücksichtigung von sogenannten Wendepunkten ist eine zusätzliche Neuerung in der erweiterten Implementation der Netzdezimierung mit Topologieänderung oder Knotenaufspaltung. Innerhalb der sortierten Prioritätenliste können an einzelnen Stellen zwischen zwei aufeinander folgenden Einträgen größere Unterschiede in der Höhe des Fehlerwertes auftreten. Dies ist der Fall, wenn durch die Ausführung der Vereinfachungsoperation mit dem höheren Fehlerwert signifikante Änderungen im Erscheinungsbild des Netzes verbunden sind. Ein Maß für die Größe des Anstiegs ist der Quotient von zwei aufeinander folgenden Fehlerwerten. Dadurch dass der Benutzer einen Schwellenwert spezifiziert, kann eine zu sprunghafte Veränderung vermieden werden, da die Vereinfachung bei Erreichen des Schwellenwertes abgebrochen wird. Zusätzlich können durch Verwendung verschiedener Schwellenwerte unterschiedliche Reduktionsstufen erzeugt werden, die mit deutlich sichtbaren Änderungen korrelieren.

Eine grundlegende Implementation, die auch als Open Source vorliegt, ist das Visualisation Toolkit (VTK). In dieser Implementation ist das oben beschriebene Netzdezimierungsverfahren (vgl. Kapitel 5.3.1 und 5.3.2) umgesetzt und für die vorliegende Arbeit angepasst worden.

5.3.3 Untersuchung der erzielbaren Ergebnisse

Examination of achievable results

Aufbauend auf den in Kapitel 5.3.1 und 5.3.2 geschilderten Algorithmen der Netzdezimierung und deren Implementation im Visualisation Toolkit (VTK), sollen im Folgenden die damit erzielbaren Ergebnisse untersucht werden. Im VTK können diverse oben beschriebene Einstellmöglichkeiten des Algorithmus verwendet werden. Nachstehend sind diejenigen Einstellmöglichkeiten aufgeführt, die sich für die hier vorliegende Aufgabenstellung zur Netzreduktion **ohne** Farbattribute als sehr gut geeignet herausgestellt haben:

- Veränderung von Rand- und Merkmalkanten zulassen (Topologieänderung)
- Knotenaufspaltung zulassen
- Festlegung eines Fehlerwertes

Von Bedeutung für die weiteren Ausführungen ist der Effekt, den die Möglichkeit der Topologieänderung und insbesondere die Aufspaltung von Knoten auf die Reduktionsergebnisse hat. In Bild 5-5 ist ein T-förmiges Geometrieobjekt im Original dargestellt sowie in der maximalen Vereinfachung, die ohne Topologieänderung und Knotenaufspaltung möglich ist. Das offensichtlich mangelhafte Ergebnis ist dadurch bedingt, dass es sich um komplexe Knoten auf einer Merkmalkante handelt, die somit nicht entfernt werden können. Dagegen wird ein fast optimales Ergebnis erreicht, wenn die Änderung der Topologie sowie die Aufspaltung von Knoten zugelassen wird.

Zur Steuerung jedes Reduktionsverfahrens ist der wesentlichste Parameter der Zielwert, der entweder direkt durch Angabe einer Zielknotenanzahl oder eines Prozentsatzes der Ursprungsknotenanzahl spezifiziert oder indirekt über die Festlegung von Randbedingungen bzw. Schwellenwerten bestimmt wird. Steht in einem Anwendungsfall nicht das unbedingte Erreichen einer minimalen Knotenanzahl, sondern eher die maximal mögliche Reduktion unter Wahrung bestimmter Qualitätsanforderungen an das reduzierte Netz im Vordergrund, müssen geeignete Einstellungen gefunden werden, um die Vereinfachung entsprechend zu steuern. In der Regel ist dies kaum algorithmisch optimierbar, sondern muss vielmehr empirisch in Abhängigkeit vom jeweiligen Modell erfolgen. Ein Reduktionsverfahren für den ersten Anwendungsfall (Netzreduktion **ohne** Farbattribute), der zu Beginn von Kapitel 5 vorgestellt wurde, sollte idealerweise die maximal mögliche Reduktion erzielen, die das Erscheinungsbild des Simulationsmodells nicht mangelhaft werden lässt und außerdem kein langwieriges Austesten der richtigen Einstellung benötigt.

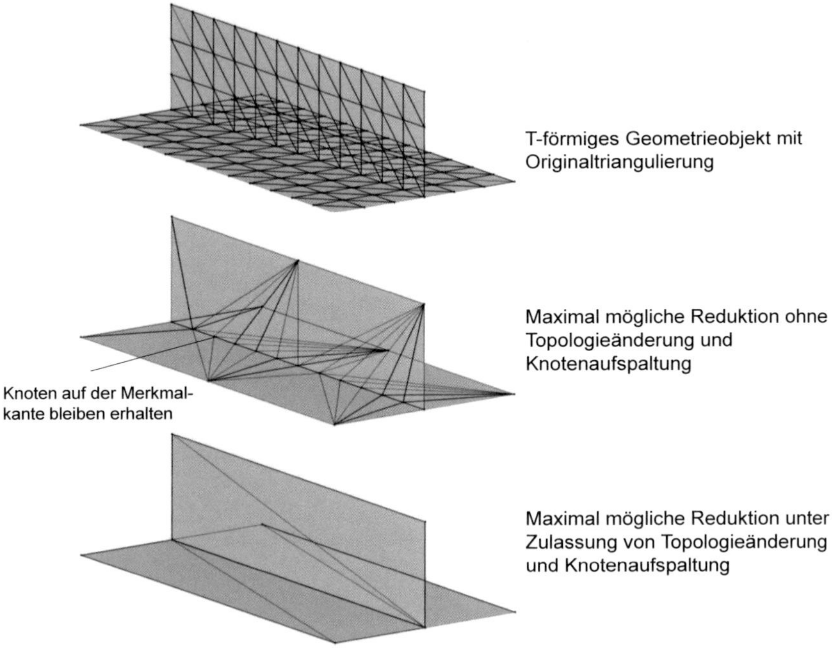

Bild 5-5: T-förmiges Geometrieobjekt mit unterschiedlichen Reduktionskriterien
Geometry object in T-shape with different decimation criteria

Hierbei hat sich ein dreistufiges Konzept als sinnvoll erwiesen, das im Folgenden anhand der Beispielmaschine Chiron FZ 12 (s. Bild 5-6) vorgestellt wird.

In der ersten Reduktionsstufe wird der maximale Fehler auf null begrenzt, die Änderung der Topologie wird nicht zugelassen. Dadurch wird erlaubt, dass absolut planare Flächen, die typischerweise sehr zahlreich vorkommen, bereits vereinfacht werden können, dabei das Erscheinungsbild des Modells jedoch vollständig unverändert bleibt. Die Anzahl der Elemente reduziert sich von 35.000 auf 19.000, die Knotenanzahl von 17.000 auf 8.500.

In einem zweiten Schritt werden dann zusätzlich Topologieänderung und Knotenaufspaltung zugelassen. Bei einem unveränderten Fehlerschwellenwert von null sollte weiterhin keine sichtbare Veränderung entstehen, was nun aber nicht mehr zwingend garantiert ist. Im betrachteten Beispiel verkleinert sich dadurch die Elementzahl weiter auf 9.000 und die Knotenanzahl auf 7.000.

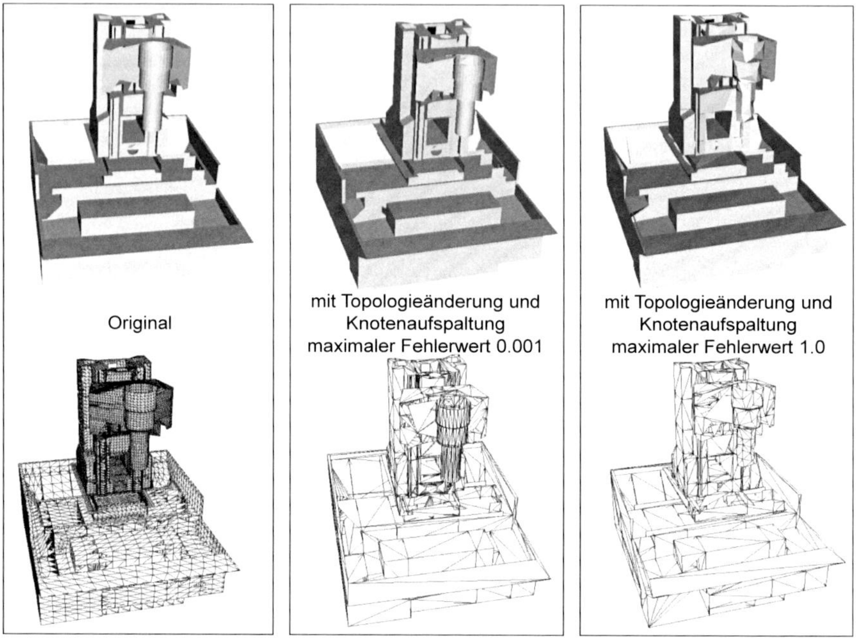

Bild 5-6: Netzdezimierung ohne Farbattribute am Beispiel Chiron FZ 12
Mesh decimation without colour attributes shown by the Chiron FZ 12

Für den Fall, dass der so erreichte Grad der Vereinfachung nicht ausreichend ist, kann der Benutzer den Fehlerschwellenwert sukzessive erhöhen. Wie sich gezeigt hat, ist schon bei einer sehr geringen Anhebung des Fehlerwertes eine weitere deutliche Reduktion möglich, ohne dass sich die Darstellung sichtbar verschlechtert.

Bild 5-6 Mitte stellt das Ergebnis für den maximalen Fehlerwert von 0,001 dar. Die Dreiecksanzahl ist nun auf 2.200 und damit auf nur sechs Prozent der ursprünglichen Menge gesunken. Bei dem maximalen Fehler von 1,0 sinkt die Anzahl auf 1.400, doch wird die Approximation dann, wie in Bild 5-6 rechts zu sehen, deutlich schlechter. In allen Beispielen wurde für den Winkel zwischen zwei benachbarten Dreiecken, ab dem die gemeinsame Kante als Merkmalkante behandelt wird, ein Wert von 10 Grad vorgegeben. Ein derart geringer Wert für den Winkel bewirkt, dass die auffällige Verschlechterung von runden Flächen, wie sie im Modell am Spindelkasten der Maschine verstärkt auftreten, erst bei höheren maximalen Fehlerschwellenwerten entsteht.

Durch das geschilderte Vorgehen kann so – in Abhängigkeit von der Leistungsfähigkeit der verfügbaren Hardware – für verschiedene Anwendungssituationen leicht eine geeignete Vereinfachungsoption gefunden werden.

5.3.4 Umsetzung der Netzreduktion ohne Farbattribute

Implementation of a mesh reduction without colour attributes

Die Umsetzung der Vereinfachungsoptionen erfolgt in dem in Bild 5-7 gezeigten Menü, das in das Programm StrukExm eingebunden wurde. In Abhängigkeit der Wahl wird das Ergebnis direkt berechnet und visualisiert.

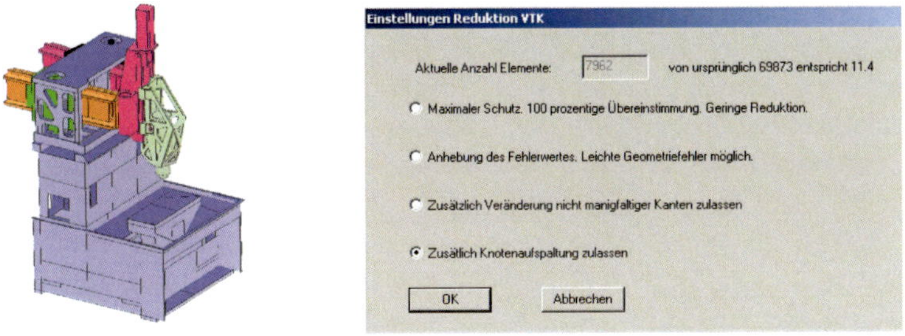

Bild 5-7: Intuitive Auswahl der Vereinfachungsoption

Intuitive choice of a simplification option

Da sich durch ein entsprechendes räumliches Drehen die Vereinfachung von allen Seiten begutachten lässt, können kleinere Fehler direkt detektiert werden. Bild 5-8 zeigt am Beispiel der Chiron VISION die verschiedenen Vereinfachungsoptionen mit den entsprechenden visuellen Ergebnissen.

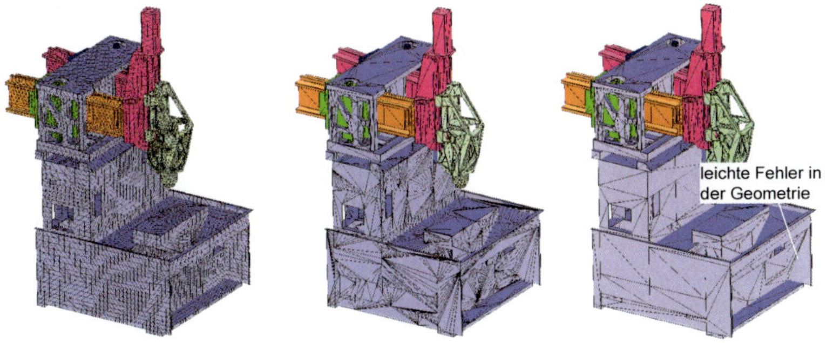

Ausgangsmodell mit **69.873** Elementen

Reduktion ohne Topologieänderungen und Knotenaufspaltungen auf **14.731** Elemente

Reduktion mit Topologieänderungen und Knotenaufspaltungen auf **7.916** Elemente

Bild 5-8: Visuelle Kontrolle der Vereinfachungsoptionen am Beispiel der Chiron VISION

Visual feedback of simplification options shown by the Chiron VISION

Es ist zwar möglich, bei einer Reduktion mit Topologieänderung und Knotenaufspaltung eine Reduktion von 69.873 auf 7.916 Elementen durchzuführen, allerdings lassen sich erste leichte Fehler in der Geometrie erkennen. Deshalb bietet sich in diesem Fall eine Reduktion ohne Topologieänderung, jedoch mit Knotenaufspaltung an, da auch hier die Anzahl der Elemente immerhin auf 14.731 reduziert werden kann, ohne dass eine Änderung der Geometrie zu beobachten ist.

In Bild 5-9 ist ein Leistungsvergleich der Vereinfachungsoptionen bei unterschiedlichen Maschinenmodellen dargestellt. Die Netzreduktion hängt, wie bereits oben beschrieben, im Wesentlichen vom Ursprungsmodell ab. Beispielsweise weist die Chiron FZ 12 hauptsächlich rechteckige Flächen auf, die eine effiziente Reduktion auf 6 % des Ausgangsmodells ermöglichen. Solche Ergebnisse können allerdings nicht bei Modellen wie der SKM 400 erwartet werden, da sie viele zylindrische Formen aufweisen, die mit genügend Dreiecken angenähert werden müssen. Doch auch hier ist mit einer maximalen Reduktion auf immerhin 42 % des Ausgangsmodells noch eine Darstellung der Geometrie ohne visuelle Einbußen möglich.

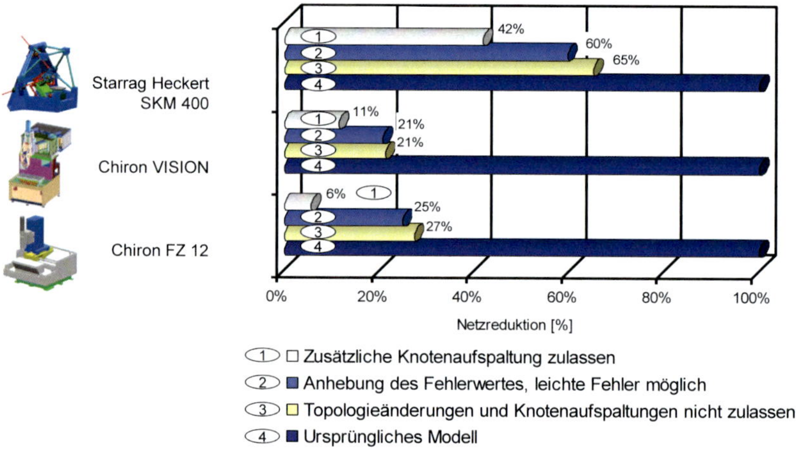

Bild 5-9: Netzreduktionsvergleich bei unterschiedlichen Modellen
Comparision of mesh reduction at different models

5.4 Reduktion mit Farbattributen

Reduction with colour attributes

In Kapitel 5.3 wurde erläutert, auf welche Weise die Vereinfachung des Netzes lediglich unter Berücksichtigung der geometrischen Aspekte erfolgt; in diesem Abschnitt soll nun untersucht werden, wie zusätzliche Informationen eines FE-Netzes, etwa Verformungen oder Spannungen, bei einer Netzdezimierung berücksichtigt werden können. Wie zu Beginn von Kapitel 5 im Anwendungsfall 2 beschrieben, werden Ergebnisdaten in einem FE-Netz in den Knoten abgelegt. Diese Ergebnisse werden in der Regel in Farbwerte umgewandelt, die eine Visualisierung der Ergebnisse über die Struktur wesentlich vereinfachen.

Es gibt für die Darstellung solcher ‚farbiger' Finite-Elemente-Netze zwei grundsätzlich verschiedene Verfahrensweisen der Realisierung: zum einen die Texturierung der Modellgeometrie und zum anderen die Spezifizierung diskreter Knoten-Farbattribute mit einer kontinuierlichen (geglätteten) Darstellung mittels Gouraud-Schattierung.

Es ist bei der Texturierung von besonderer Bedeutung, dass die Struktur des FE-Netzes als Gitter bei der Visualisierung in einer VE sichtbar bleiben soll. Da die Sichtbarkeit der Netzstruktur in der vorliegenden Arbeit nicht vorrangig ist, wurde dem Weg über Knoten-Farbattribute der Vorzug gegeben.

Deshalb werden im Folgenden Fehlermetriken und Verfahren vorgestellt, die die Reduktion von Netzen auf Grundlage von Knotenreduktionen ermöglichen und dabei neben dem geometrisch berechneten Fehlerwert zusätzlich auch die durch die einzelnen Vereinfachungsschritte induzierten Abweichungen eines oder mehrerer Knotenattribute für die Steuerung des Algorithmus berücksichtigen.

5.4.1 Fehlermetriken

Error metrics

5.4.1.1 Fehlermetriken auf der Basis von Quadriken

Error metrics based on quadrics

Abweichend von der bisherigen Beurteilung der Fehler der reduzierten Netze, stellt eine Fehlermetrik auf Basis von Quadriken eine sehr abstrakte mathematische Formulierung dar, die allerdings eine wesentliche Verbesserung in der Speicherplatz- und Zeitkomplexität bietet.

Eine Quadrik definiert Garland in seiner Dissertation [GAR99b] als ein Trippel, bestehend aus einer 3x3 Matrix, einem Vektor und einem Skalarwert. Die Matrix beschreibt die Ebenengleichung eines Dreiecks, der Vektor den darauf stehenden Normalenvektor und der Skalarwert den Abstand der Ebene zum Ursprung. Jedem Knoten im Raum ordnet die Quadrik einen Wert zu. Diese Werte sind für verschiedene Knoten unterschiedlich und bilden mathematisch gesehen jeweils eine quadratische Fläche, die Bereiche mit gleichen Fehlergrößen beschreiben.

Werden nicht nur beliebige Knoten im Raum betrachtet, sondern lediglich Knoten, die in einer Ebene liegen, so spricht Garland von Knoten einer fundamentalen Quadrik. Eine Fehlerquadrik wird definiert durch die Summe der fundamentalen Quadriken für sämtliche Flächen in beliebigen Ebenen, die einen gemeinsamen Knoten besitzen.

Die Werte einer Fehlerquadrik für einen Knoten sind abhängig von der Zerlegung des zugehörigen Netzes, da die Größe einzelner Dreiecke unberücksichtigt bleibt. Wie in Bild 5-10 dargestellt ist, kann eine planare, geometrisch äquivalente Fläche unterschiedlich vernetzt sein. Da sämtliche Dreiecke in einer Ebene liegen, sind die zugehörigen fundamentalen Quadriken identisch. In der ungewichteten Form addieren sich im ersten Fall vier dieser Quadriken zur Fehlerquadrik des mittleren Knotens, im zweiten Fall hingegen sind es sechs.

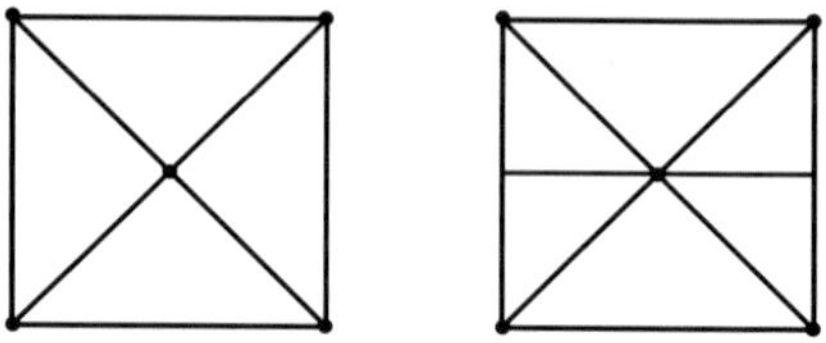

Bild 5-10: Verschiedene Vernetzungen einer Fläche
Different tessellation of a surface

Damit sich für geometrisch äquivalente Flächen die fundamentalen Quadriken zu gleichen Summen addieren, werden sie entsprechend dem Flächeninhalt der zugehörigen Dreiecke gewichtet; man spricht dann von einer gewichteten Quadriken-Fehlermetrik.

Dabei entspricht der Gewichtungsfaktor w nicht dem gesamten Flächeninhalt des jeweiligen Dreiecks, sondern nur dem eines Teilfragments. Das Dreieck wird durch Schnitte, ausgehend vom Schwerpunkt durch die Kantenmittelpunkte, in drei Teile zerlegt. Als Gewichtungsfaktor w wird dann jeweils der Flächeninhalt des Fragments herangezogen, das an genau den Knoten stößt, dessen Quadrik gewichtet wird. Auf diese Weise wird eine ungleichmäßige Gewichtung durch Mehrfachzählung vermieden, und alle einzelnen Gewichtungsfaktoren summieren sich exakt zum Flächeninhalt des gesamten Netzes.

5.4.1.2 Die erweiterte Quadriken-Fehlermetrik
The advanced quadric error metric

In der Quadriken-Fehlermetrik, wie sie Garland in [GAR99b], [GAR97] beschreibt, werden allein die geometrischen Aspekte für die Berechnung des Fehlerwertes berücksichtigt. Diese Definition lässt sich jedoch in Hinblick auf die erweiterte Quadriken-Fehlermetrik dahingehend ausbauen, dass von jedem Knoten neben seiner Position auch verschiedene Attribute mit einfließen [GAR98]. Dazu muss der algorithmische Rahmen des gesamten Verfahrens nicht geändert werden. Einzige Voraussetzung ist, dass die Werte der einzelnen Attribute auf den Dreiecken linear zwischen den zugehörigen Knoten interpoliert werden (dürfen); somit kann die Differenz zwischen zwei Werten über den euklidischen Abstand (Normalenabstand) berechnet werden.

Jeder Knoten $\underline{p} \in R^3$ wird für die Verwendung der erweiterten Fehlerquadriken fortan als n-dimensionaler Vektor $\underline{p} \in R^n$ aufgefasst, wobei die ersten drei Komponenten die räumlichen Koordinaten enthalten und die weiteren die jeweiligen Attribute. Um für Positions- und Attributwerte eine einheitliche Größenordnung zu erreichen, werden sie zudem in einen gemeinsamen Wertebereich skaliert. Somit wird ein sechsdimensionaler Vektor der Form $[x \quad y \quad z \quad r \quad g \quad b]^T$ eingeführt, der sich pro Knoten aus den räumlichen Koordinaten x, y und z sowie aus jeweils einem Farbwert aus den drei Grundfarben rot, grün und blau (r, g, und b) zusammensetzt.

Durch drei sechsdimensionale Vektoren ist – wie im dreidimensionalen Fall – ein Dreieck gegeben, welches eine Hyperebene im R^n definiert. Garland zeigt, dass sich hierzu eine Standardform der Quadriken in eine ihrer Funktionsweise äquivalente erweiterte Form überführen lässt und so ein Fehlerwert gleichzeitig für die geometrische und die Attribut-Abweichung festgelegt werden kann.

5.4.1.3 Die erweiterte Quadriken-Fehlermetrik nach Hoppe

The advanced quadric error metric of Hoppe

Die erweiterte Form der Quadriken von Garland greift Hoppe in [HOP99] auf und modifiziert sie durch verschiedenen algorithmische Verbesserungen. Die im VTK enthaltene Klasse vtkQuadricDecimation beinhaltet eine Implementation der Quadriken nach Hoppes Vorschlag. Allerdings zeigt sich beim Vergleich, dass die mit dieser Implementation erzielbaren Ergebnisse für den hier relevanten Anwendungsfall nicht besser, sondern sogar schlechter geeignet sind als die mit Qslim [QSL08] erzeugten. Daher wurde in StrukExm Qslim als die geeignete Implementation verwendet.

5.4.1.4 Algorithmische Besonderheiten

Algorithm specialities

5.4.1.4.1 Aggregation

Aggregation

In Qslim ist neben der Verschmelzung von Knoten, die durch eine Kante miteinander verbunden sind, zusätzlich die Möglichkeit vorgesehen, im Laufe der Vereinfachung eines Netzes Knoten zusammenzufassen, die nicht direkt verbunden sind, sondern sich lediglich in unmittelbarer Nähe befinden und deren Abstand zueinander dabei kleiner als der eines vom Anwender spezifizierten Schwellenwertes ist. Diese als Aggregation bezeichnete Technik ist in Bild 5-11 skizziert. Durch diese Technik lassen sich sehr drastische Vereinfachungen erreichen, da zuvor getrennte Geometrieteile miteinander verschmelzen können. Für die hier vorgestellten Entwicklungen sind solche Veränderungen jedoch nicht erstrebenswert, da alle Bauteile und Merkmale einer Werkzeugmaschine klar trennbar und erkenntlich bleiben müssen.

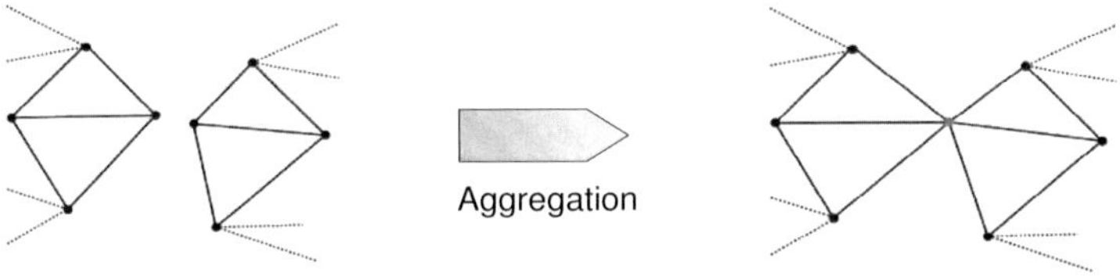

Bild 5-11: Verschmelzung von unverbundenen Teilen der Geometrie (Aggregation)

Melting non aligned parts of the geometry (aggregation)

5.4.1.4.2 Erhaltung von Randkanten

Obtaining border edges

Implizit ist die Erhaltung von Merkmalkanten des Netzes bereits durch die Verwendung der Fehlerquadriken gewährleistet. Deutlich sichtbar treffen an diesen Kanten Teilflächen des Geometrieobjektes aufeinander, die in einem größeren Winkel zueinander stehen. Die Fehlerquadriken der auf dieser Merkmalkante liegenden Knoten enthalten fundamentale Quadriken zu angrenzenden Dreiecken aus jeweils beiden Teilflächen. Eine Verschmelzung von Knoten entlang der Merkmalkante ist dadurch mit einem deutlich geringeren Fehlerwert verbunden als eine Kantenkontraktion, die einen Knoten von der Merkmalkante wegzieht und auf diese Weise sowohl einen großen Fehlerwert als auch eine optisch wahrnehmbare Abweichung darstellt.

Hingegen müssen offene Randkanten – also alle Kanten, die zu nur einem Dreieck gehören – zusätzlich geschützt werden, damit sie im Laufe der Vereinfachung des Netzes nicht degenerieren. In Anlehnung an die Vorgehensweise bei Merkmalkanten und deren implizite Erhaltung werden die Randkanten intern wie Merkmalkanten behandelt. Dabei werden die Fehlerquadriken der entsprechenden Randkanten mit einem zusätzlichen Strafmultiplikator gewichtet.

5.4.1.4.3 Konsistenzprüfung des Netzes

Consistency check of a mesh

Der Überprüfung der Konsistenz des Netzes kommt sehr hohe Bedeutung zu, denn es besteht die Gefahr, dass durch die einzelnen Vereinfachungsschritte Fehler im Netz entstehen, die nicht durch die Fehlerquadriken alleine erkannt bzw. vermieden werden können. Diese Fehler müssen durch geeignete zusätzliche Maßnahmen identifiziert und verhindert werden. Erreicht werden kann dies dadurch, dass vor einem Vereinfachungsschritt die Konsequenz für die Konsistenz im Netz evaluiert wird. Die Durchführung wird dann entweder dauerhaft vermieden oder mit einem höheren Laufzeitkostenwert belegt, so dass sie erst später, nach anderen, weniger fehlerinduzierenden Vereinfachungsoperationen vollzogen wird. Eine typische, unbedingt zu vermeidende Inkonsistenz ist das Übereinanderfalten von Teilen des Netzes, so wie in Bild 5-12 dargestellt. Die Knoten a und b werden durch eine Kontraktion verschmolzen, das dunkel markierte Dreieck wird dadurch jedoch über das darunterliegende gefaltet. Verschiedene Methoden existieren, um Degenerationen dieser Art abzufangen.

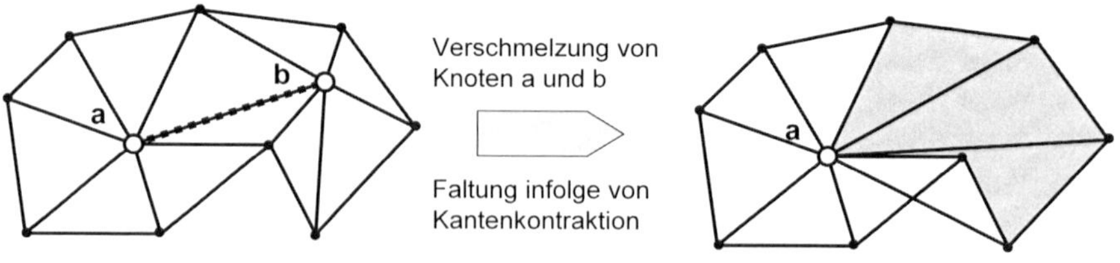

Bild 5-12: Übereinanderfalten von Teilen des Netzes infolge einer Kantenkontraktion

Folding on top of each other of mesh parts due to an edge contraction

In einer ersten Implementation verwendet Garland eine Technik, die eine Faltung des Netzes anhand starker Änderungen der Flächennormalen erkennt. Dazu werden die Normalen aller von einer Vereinfachungsoperation betroffenen Dreiecke vor und nach der Durchführung miteinander verglichen. Falls sich dabei die Richtung einer Normalen um mehr als einen festgelegten Schwellenwert ändert, kann das Auftreten einer Faltung angenommen werden.

In späteren Versionen des Algorithmus wird eine zuverlässigere Methode angewendet, die mit Halbraumunterteilungen arbeitet und keine Spezifizierung eines Schwellenwertes benötigt: Alle Dreiecke, die an einen Knoten stoßen, enthalten genau eine Kante, die nicht direkt mit dem Knoten verbunden ist. Die Menge aller dieser Kanten wird zu einem Paar von zwei zu kontrahierenden Knoten bestimmt. Dabei werden solche Kanten ausgeschlossen, die jeweils zu einem an beide Knoten angrenzenden Dreieck gehören. Jede Ebene durch eine der Kanten der konstruierten Menge, die rechtwinklig zu dem zugehörigen Dreieck steht, teilt den Raum in zwei Halbräume. Zugehörig ist genau das Dreieck, das durch die jeweilige Kante und einen der beiden betrachteten Knoten bestimmt ist. Ein Übereinanderfalten des Netzes ist dann ausgeschlossen, wenn der Verschmelzpunkt der zusammengefassten Knoten in jeweils beiden Halbräumen liegt, in denen sich auch beide zu verschmelzenden Knoten befinden.

5.4.2 Netzreduktion mit der Quadriken-Fehlermetrik

Mesh reduction with the quadric error metric

Die Quadriken-Fehlermetrik zusammen mit der iterativen Kantenkontraktion als Reduktionsverfahren ergibt den folgenden, in Qslim implementierten Algorithmus, der in einer modifizierten Variante im Programm StrukExm eingebunden ist:

In einem ersten Schritt werden alle Paare von Knoten ermittelt, die für eine Verschmelzung zulässig sind. Falls die Aggregation (vgl. Kapitel 5.4.1.4.1) aktiviert ist, sind dies neben den Knotenpaaren, die durch eine Kante verbunden sind, auch alle Knoten, die sich in unmittelbarer Nähe zueinander befinden.

Für alle Knoten wird zunächst Speicher für die Quadriken bereitgestellt. Dann wird für jedes Dreieck die zugehörige fundamentale Quadrik berechnet und mit der in Kapitel 5.4.1.1 beschriebenen Gewichtung versehen. Anschließend wird die Quadrik zu der jeweiligen Summe fundamentaler Fehlerquadriken an den drei Knoten des Dreiecks hinzuaddiert.

Für jedes ermittelte Knotenpaar wird ein Verschmelzpunkt bestimmt und ein Laufzeitkostenwert für die Kontraktion berechnet, indem die Fehlerquadriken der beiden zu kontrahierenden Knoten addiert werden und mit dieser neuen Quadrik der Fehlerwert für den Verschmelzpunkt bestimmt wird. Zusätzlich werden die verschiedenen Konsistenzüberprüfungen durchgeführt und eventuelle Strafgewichtungen (vgl. Kapitel 5.4.1.4.1) vorgenommen bzw. Kontraktionen ausgeschlossen. Die einzelnen potentiellen Kontraktionen werden entsprechend ihren endgültigen Laufzeitkosten in die Prioritätenschlange einsortiert.

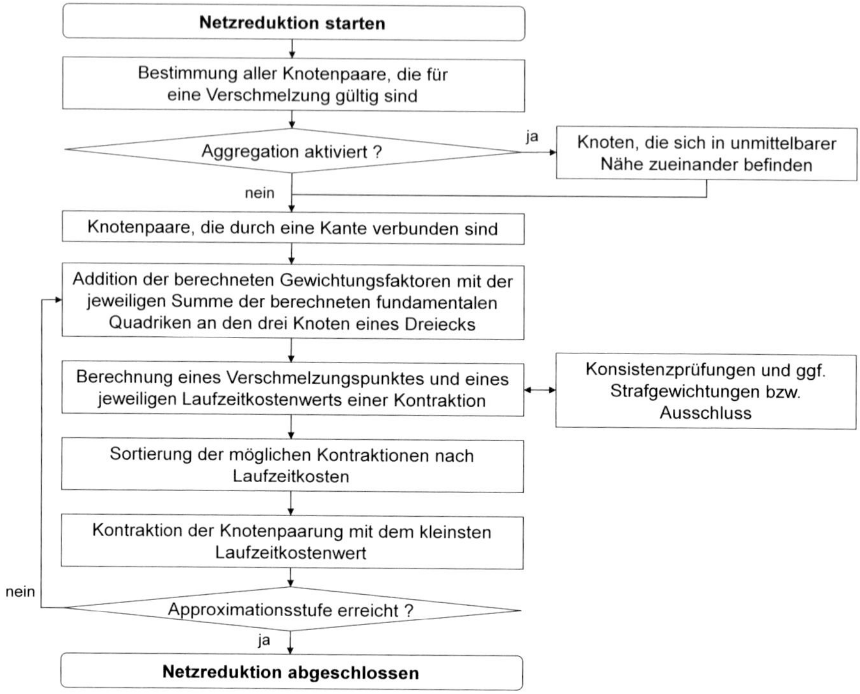

Bild 5-13: Ablaufdiagramm zur Netzreduktion
Flow control of mesh simplification

In einer Schleife wird die Prioritätenschlange so lange abgearbeitet, bis die gewünschte Approximationsstufe erreicht ist. Die Kontraktion mit dem kleinsten Laufzeitkostenwert wird jeweils vollzogen. Für alle Knotenpaare, die nach der Kontraktion den verschmolzenen neuen Knoten beinhalten, werden die Kostenwerte für eine Kontraktion neu berechnet und die zugehörige Kontraktion an der richtigen Stelle in die Prioritätenschlange einsortiert.

5.4.3 Untersuchung der erzielbaren Ergebnisse

Examination of achievable results

Die erweiterte Quadriken-Fehlermetrik ist innerhalb der Software Qslim implementiert. Sie enthält in der verwendeten Version noch nicht alle in den vorangegangenen Abschnitten beschriebenen Maßnahmen für die Erhaltung der Netzqualität. So können in den erzeugten reduzierten Netzen insbesondere störende Übereinanderfaltungen auftreten, falls das Netz zu stark reduziert wird. Da für die Darstellung der Farbigkeit eine ausreichende Mindestanzahl an Dreiecken erhalten bleiben muss, ist jedoch eine zu starke Vereinfachung der Netze auch nicht erforderlich. In Bezug auf die Qualität der Approximation und die damit verbundene Behandlung der Farbattribute sind die mit der erweiterten Software Qslim erzielbaren Ergebnisse von sehr guter Qualität.

Als Beispiel sind im Folgenden verschiedene Reduktionen des Ständers eines Modells der Werkzeugmaschine Chiron FZ 12 mit Ergebnissen einer Verformungsberechnung dargestellt. Bild 5-14 links zeigt zwei verschiedene Ansichten der originalen Geometrie, in der Mitte und rechts dann jeweils beide Ansichten der Ergebnisse nach der Reduktion auf ein Zehntel (90 % aller Dreiecke reduziert) und ein Zwanzigstel (95 % aller Dreiecke reduziert) der ursprünglichen Anzahl von Dreiecken. Bis zur Reduktion auf ein Zehntel bleiben die Unterschiede zwischen Original und vereinfachtem Netz vernachlässigbar, erst bei einem Zwanzigstel geht die Aussagekraft der dargestellten Farbverläufe stark verloren.

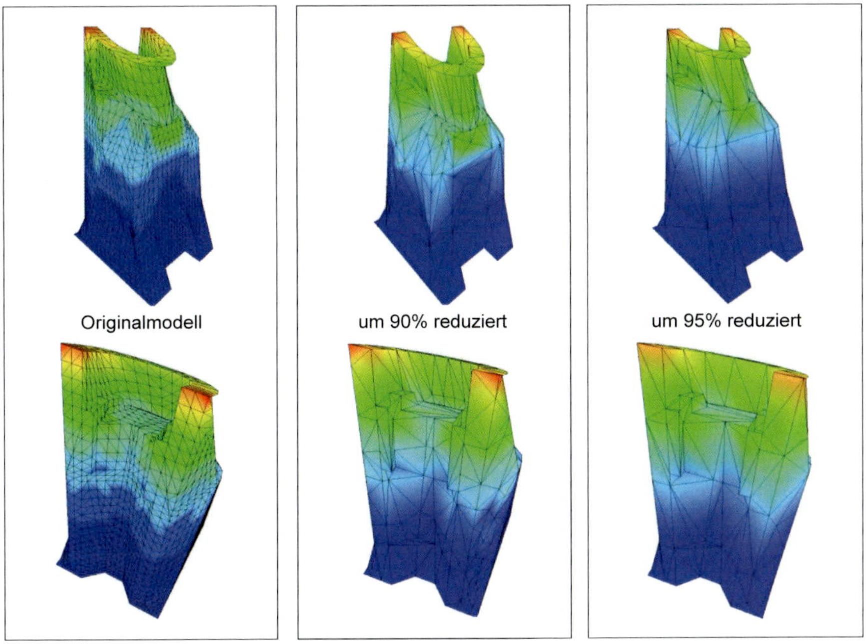

Bild 5-14: Netzreduktion mit Ergebnisdaten am Ständer der Chiron FZ 12
Mesh reduction with result sets at the column of the Chiron FZ 12

Wie bei der Geometrievereinfachung für den ersten Anwendungsfall (vgl. Kapitel 5.3) stellt sich auch hier die Frage nach einem geeigneten Abbruchkriterium. Die Spezifizierung einer Zieldreiecksanzahl und somit auch eines Prozentsatzes der Ursprungsknotenzahl ist die einzige in Qslim bereitgestellte Möglichkeit, den Grad der Reduktion zu bestimmen. Anders als im ersten Anwendungsfall sind hier jedoch keine extrem hohen Vereinfachungsraten möglich. Gute Ergebnisse sind somit nur in einem begrenzten Prozentsatzbereich zu erwarten, der leicht empirisch ermittelt werden kann.

Für beide Anwendungsfälle ist es zudem vorteilhaft, dass die jeweiligen FE-Modelle einer Werkzeugmaschine aus verschiedenen Bauteilen bestehen, die getrennt voneinander behandelt werden können. Falls mit den Reduktionsergebnissen, die für das gesamte FE-Netz einer Werkzeugmaschine unter Wahrung der Mindestqualitätsanforderung erzielbar sind, die Dreiecksanzahl nicht ausreichend gesenkt wird, kann man somit selektiv einzelne Strukturbauteile gezielt weniger stark vereinfachen, während andere Komponenten des Modells der Maschine weiter reduziert werden.

5.4.4 Umsetzung der Netzreduktion mit Farbattributen

Implementation of the mesh reduction with colour attributes

Die Umsetzung der Netzreduktion **mit** Farbattributen wird im Gegensatz zur Reduktion **ohne** Farbattribute prozentual in einem Menü vorgegeben (s. Bild 5-15). Der Anwender kann sich vom Ergebnis direkt nach der Berechnung überzeugen.

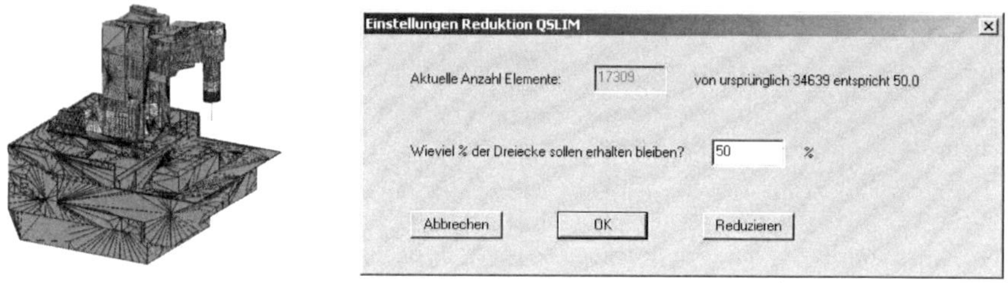

Bild 5-15: Prozentuale Vorgabe der Netzreduktion mit Ergebnisdaten

Percental requirement of mesh reduction with a result set

In Bild 5-16 ist eine Reduktion der Gesamtgeometrie mit einem Verformungsergebnis mit 70 %, 50 % und 30 % des FE-Modells der Chiron FZ 12 dargestellt. Hier sind bei einer Reduktion von 50 % erste kleine Fehler festzustellen (Randkanten werden bei der Reduktion übersprungen). Doch es können deutlich die Potenziale erkannt werden, würde die Reduktion bauteilweise vorgenommen. In einem solchen Fall wäre eine weitere Reduktion des Maschinenbettes durchaus möglich. Obwohl das Maschinenbett keine sichtbaren Verformungsanteile aufweist, sind mit dem hier verwendeten Verfahren allerdings nicht solch optimalen Reduktionsraten zu erwarten, wie sie mit dem Netzreduktionsverfahren ohne Ergebnisdaten erfolgen könnten.

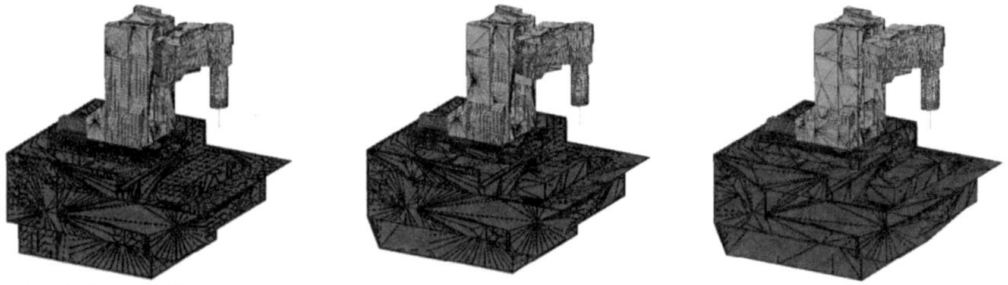

Reduktion auf 70 %
24.232 Elemente

Reduktion auf 50 %
17.309 Elemente

Reduktion auf 30 %
10.382 Elemente

Bild 5-16: Einfluss der Vereinfachungsoptionen am Beispiel der Chiron FZ 12

Feedback of the simplification option at the example of the Chiron FZ 12

5.5 Erweiterungen

Extensions

Die im Kapitel 5.2 vorgestellten Verfahren bzw. Implementationen liefern für die beiden Anwendungsfälle (Kapitel 5.3 und 5.4) bereits gute Ergebnisse, insbesondere für den ersten Anwendungsfall. Eine Verbesserung der Reduktionsergebnisse des zweiten Anwendungsfalls ist durch eine Erweiterung der Software Qslim möglich, und zwar durch die Integration der in Abschnitt 5.4.1.4.3 beschriebenen Konsistenzprüfung des Netzes während der Reduktion.

Eine weitere, in verschiedenen Publikationen [COO01], [WUY04] angewendete Optimierung bildet der Einsatz zusätzlicher virtueller Ebenen, um einzelne Kanten bzw. Knoten zu schützen. Diese Technik wurde bereits in Abschnitt 5.4.1.4.2 im Zusammenhang mit der Erhaltung von Randkanten beschrieben. Wu, He und Cai beschreiben in [WUY04] eine solche Verbesserung von Qslim, in der diese Idee genutzt wird, um die Erhaltung von Merkmalkanten zu optimieren. In einem Vorverarbeitungsschritt werden die einzelnen Merkmalkantenzüge in einem Objekt global identifiziert. Gewichtet entsprechend ihrer Relevanz für das Erscheinungsbild werden dann die einzelnen Merkmalkanten durch die beschriebene Vorgehensweise in der Prioritätenschlange zurückgestuft. Dies führt zu besseren Ergebnissen, da die Erkennung und Gewichtung der Merkmalkanten global erfolgt, während die Fehlerquadriken nur die lokale Umgebung einer Kante berücksichtigen können.

5.6 Zwischenfazit

Chapter conclusion

Finite-Elemente-Modelle von Werkzeugmaschinen können je nach Anwendung sehr fein vernetzt sein. Selbst nach einer Überführung und Vorabreduktion von FE-Knoten und FE-Elementen in Polygonnetze, wie es bereits in Kapitel 4.3.2 erläutert wurde, sind diese für eine interaktive Visualisierung in einer VE noch viel zu komplex. Ohne eine Optimierung bzw. Reduktion der Polygonnetze können solche Modelle entweder nicht auf jeder gängigen Hardware in adäquater Geschwindigkeit dargestellt werden, oder die Größe der darstellbaren Modelle schränkt eine interaktive echtzeitfähige Visualisierung zu stark ein.

Für die Lösung dieser Problematik wurden in diesem Kapitel zunächst die Anforderungen, die Zielvorstellungen und die gegebenen Voraussetzungen erarbeitet und analysiert. Die verschiedenen in Betracht kommenden Verfahren zur Reduktion wurden klassifiziert, näher untersucht und im Hinblick auf ihren Nutzen für die Integration in diese Arbeit bewertet. Von den erfolgversprechenden Ansätzen wurden die mit Quellcode verfügbaren Implementationen ermittelt, ihre algorithmische Arbeitsweise tiefergehend untersucht sowie umfangreiche praktische Evaluierungen der erzielbaren Ergebnisse durchgeführt. Es hat sich gezeigt, dass durch diese in StrukExm integrierten Netzreduktionsalgorithmen eine hinreichende Reduktion der zur Verfügung stehenden Werkzeugmaschinenmodelle durchgeführt werden kann, so dass eine interaktive Visualisierung in einer VE sichergestellt ist.

6 Kinematiksimulation mit Kollisionskontrolle

Kinematic simulation with collision detection

Auf Grundlage der in Kapitel 4.4.1 vorgestellten Identifikationsmöglichkeiten der Koppelstellen soll im Folgenden beschrieben werden, wie aus diesen Informationen eine vollständige inverse Kinematik (d. h. bei Bewegung des TCP werden alle anderen Gestellbauteile entsprechend der Kinematik ebenfalls korrekt bewegt) oder eine Vorwärtskinematik (d. h. werden die Motoren angetrieben, verfährt die Werkzeugmaschine die übrigen Bauteile mit dem TCP an die korrekten Verfahrpositionen) generiert werden kann. Damit kann der Anwender den TCP des Modells einer Werkzeugmaschine an jede kinematisch physikalisch korrekte Verfahrposition im Arbeitsraum bringen. Gerade bei komplexen Kinematiken besteht so eine sehr intuitive Möglichkeit, das Funktionsprinzip einer Werkzeugmaschine zu erfahren. Darüber hinaus lässt sich die Kinematik in einem weiteren Schritt dazu nutzen, eine beliebige ‚neue' Verfahrposition an ein Berechnungsprogramm zurückzugeben, damit die Verlagerungen an dieser Position berechnet und visualisiert werden können. Des Weiteren kann mit Hilfe der integrierten Kinematik an beliebigen Verfahrpositionen überprüft werden, ob diese Position überhaupt ohne Kollision ansteuerbar ist, wobei bei dieser Prüfung sämtliche im FE-Modell modellierten Geometrien zu berücksichtigen sind. Zudem kann schon während der Entwicklung simuliert werden, wie sich die Werkzeugmaschine entlang eines vorgegebenen Pfads bewegt, um etwa die Bearbeitung eines Werkstücks nachzuvollziehen und etwaige Kollisionen innerhalb des Systems zu erkennen und sie frühzeitig zu vermeiden.

Zur Generierung einer Kinematik, die nicht von Hand für jedes Modell einzeln programmiert werden soll, können bestimmte Automatisierungen vorgenommen werden, die in den nachfolgenden Unterkapiteln näher erläutert werden. Dazu muss ein Zustandsvektor generiert werden, der die räumliche Lage sowie die zulässigen relativen Bewegungen beschreibt. Das grundlegende Prinzip soll im Folgenden sukzessive aufgebaut werden.

6.1 Grundlagen zur Bewegungssimulation

Basics of a kinematic simulation

6.1.1 Physikalische Grundlagen

Physical basics

6.1.1.1 Bewegung einer Punktmasse

Movement of a point mass

Zu Beginn soll die physikalisch korrekte Simulation gemäß den Bewegungsgesetzen von Newton an einer Punktmasse gezeigt werden. Position und Geschwindigkeit dieser Punktmasse zum Zeitpunkt t werden durch $x(t)$ und $v(t) = \frac{d}{dt}x(t)$ beschrieben; zusammenfassen lassen sie sich zu einem Zustandsvektor:

$$\underline{Y}(t) = \begin{pmatrix} x(t) \\ v(t) \end{pmatrix}. \qquad \text{Gl. 6.1}$$

Nur durch einen äußeren Krafteinfluss kann eine Änderung der Bewegung des Körpers geschehen. Die durch diesen Krafteinfluss hervorgerufene momentane Änderung des Zustandsvektors lässt sich in dessen Ableitung ablesen:

$$\frac{d}{dt}\underline{Y}(t) = \frac{d}{dt}\begin{pmatrix} x(t) \\ v(t) \end{pmatrix} = \begin{pmatrix} v(t) \\ a(t) \end{pmatrix} = \begin{pmatrix} v(t) \\ F(t)/m \end{pmatrix}. \qquad \text{Gl. 6.2}$$

Für jeden Zeitpunkt *t* kann – ausgehend von den Startbedingungen *x(0)* und *v(0)* – der Zustandsvektor *Y(t)* berechnet werden. Benutzt wird hierfür ein numerisches Lösungssystem für Differentialgleichungen. Beliebige Verfahrpositionen können so unter Zuhilfenahme der Startbedingungen, des linearisierten Zustandsvektors $\underline{Y}(t)$ sowie des abgeleiteten Zustandsvektors $\frac{d}{dt}\underline{Y}(t)$ in Echtzeit berechnet werden [WIT97a]. Eine manuelle Bewegung erfolgt durch die Vorgabe einer räumlichen Kraft, die auf eine beliebige Punktmasse aufgebracht wird.

6.1.1.2 Bewegung eines Strukturbauteils einer Werkzeugmaschine

Structure part movement of a machine tool

Komplexer wird der oben eingeführte Zustandsvektor $\underline{Y}(t)$, wenn Strukturbauteile im Modell einer Werkzeugmaschine verfahren werden, die eine räumliche Geometrie besitzen, denn hier ist neben der aktuellen Position auch die Orientierung im Raum zu berücksichtigen. Bei Krafteinwirkungen unterscheidet man zwischen Kräften und Momenten, bei Geschwindigkeiten zwischen Geschwindigkeiten und Winkelgeschwindigkeiten des Bauteils.

Der Zustandsvektor $\underline{Y}(t)$, der in Kapitel 6.1.1.1 für eine Punktmasse beschrieben wurde, muss folglich erweitert werden. Dazu werden im Folgenden eine Rotationsmatrix, ein Impuls und ein Drehimpuls hergeleitet mit dem Ziel, den erweiterten Zustandsvektor $\underline{Y}(t)$, wie in Gl. 6.15 gezeigt, vollständig beschreiben zu können.

Zunächst soll zur Vereinfachung der folgenden Gleichungen der geometrische Schwerpunkt als Ursprung des lokalen Koordinatensystems eines jeden Strukturbauteils angenommen werden. Die Position eines beliebigen Knotens $\underline{p}_0$ auf dem Bauteil lässt sich dann darstellen durch:

$$\underline{p}(t) = \underline{\underline{R}}(t)\,\underline{p}_0 + \underline{x}(t); \qquad \text{Gl. 6.3}$$

$\underline{\underline{R}}(t)$ ist dabei eine 3 x 3 Rotationsmatrix und $\underline{x}(t)$ die Bewegungskurve. $\underline{\underline{R}}(t)$ und $\underline{x}(t)$ sind die ersten Einträge des erweiterten Zustandsvektors $\underline{Y}(t)$ (Gl. 6.15). Zur Bestimmung der momentanen Änderung muss der Zustandsvektor abgeleitet werden. Dazu muss die Geschwindigkeit $\underline{v}(t)$ (relativ zum Schwerpunkt) sowie die Winkelgeschwindigkeit $\underline{\omega}(t)$ (bezüglich einer Rotationsachse durch den Schwerpunkt) in Beziehung zur jeweiligen Komponente des Zustandsvektors $\underline{Y}(t)$ gesetzt werden.

Dies erfolgt für die erste translatorische Komponente analog zum Punktmassesystem, also $\frac{d}{dt}\underline{x}(t) = \underline{v}(t)$. Da $\underline{\underline{R}}(t)$ eine Matrix und $\underline{\omega}(t)$ ein Vektor ist, lässt sich hiermit jedoch nicht die momentane Änderung der Orientierung ausdrücken. Diese kann für einen beliebigen Vektor $\underline{r}$ durch:

$$\frac{d}{dt}\underline{r} = \underline{\omega}(t) \times \underline{r} \qquad \text{Gl. 6.4}$$

dargestellt werden. Angewandt auf die Rotationsmatrix $\underline{\underline{R}}(t)$, gilt für die momentane Änderung der Orientierung:

$$\frac{d}{dt}\underline{\underline{R}} = \left[\underline{\omega}(t) \times \begin{pmatrix} r_{xx} \\ r_{xy} \\ r_{xz} \end{pmatrix} \quad \underline{\omega}(t) \times \begin{pmatrix} r_{yx} \\ r_{yy} \\ r_{yz} \end{pmatrix} \quad \underline{\omega}(t) \times \begin{pmatrix} r_{zx} \\ r_{zy} \\ r_{zz} \end{pmatrix} \right]^T . \qquad \text{Gl. 6.5}$$

Mit Hilfe der Matrixschreibweise des Kreuzprodukts:

$$\underline{a} \times \underline{b} := \underline{\underline{a}}^*, \text{ mit } \underline{\underline{a}}^* := \begin{pmatrix} 0 & -a_z & a_y \\ a_z & 0 & -a_x \\ -a_y & a_x & 0 \end{pmatrix} \qquad \text{Gl. 6.6}$$

lässt sich Gl. 6.5 abkürzend schreiben als:

$$\frac{d}{dt}\underline{\underline{R}} = \left[\underline{\underline{\omega}}(t)^* \begin{pmatrix} r_{xx} \\ r_{xy} \\ r_{xz} \end{pmatrix} \quad \underline{\underline{\omega}}(t)^* \begin{pmatrix} r_{yx} \\ r_{yy} \\ r_{yz} \end{pmatrix} \quad \underline{\underline{\omega}}(t)^* \begin{pmatrix} r_{zx} \\ r_{zy} \\ r_{zz} \end{pmatrix} \right]^T \qquad \text{Gl. 6.7}$$

oder:

$$\frac{d}{dt}\underline{\underline{R}} = \underline{\omega}(t)^* \, \underline{\underline{R}}(t) . \qquad \text{Gl. 6.8}$$

Die beiden anderen Einträge im erweiterten Zustandsvektor $\underline{Y}(t)$ (Gl. 6.15) bestehen aus dem Impuls $\underline{P}(t)$ und dem Drehimpuls $\underline{L}(t)$.

Der gesamte Impuls $\underline{P}(t)$ eines Strukturbauteils entspricht der Summe des Produkts seiner Masse M und der Geschwindigkeit $\underline{v}(t)$ aller Einzelpunktmassen m:

$$\underline{P}(t) = \sum_{i=0}^{n} m_i \, \underline{v}(t) = M \, \underline{v}(t) . \qquad \text{Gl. 6.9}$$

Es lässt sich zeigen, dass die Impulsänderung eines Körpers äquivalent zur Gesamtkraft ist, die auf den Körper einwirkt [WIT97a]:

$$\frac{d}{dt}\underline{P}(t) = \underline{F}(t) . \qquad \text{Gl. 6.10}$$

Für den Drehimpuls $\underline{L}(t)$ hingegen existiert kein allein von der Winkelgeschwindigkeit $\underline{\omega}(t)$ abhängiger konstanter Faktor. Der Drehimpuls $\underline{L}(t)$ eines Körpers besteht aus der Summe der n Einzelpunktmassen m und der Summe derjenigen Impulsanteile I_i, die durch die Winkelgeschwindigkeit $\underline{\omega}(t)$ des Bauteils entstehen:

$$L(t) = \sum_{i=1}^{n} m_i\, I_i(t). \qquad \text{Gl. 6.11}$$

Damit diese Berechnung nicht in jedem Simulationsschritt durchgeführt werden muss, wird der sogenannte Trägheitstensor $\underline{\underline{J}}(t)$ verwendet, der die Konfiguration der Einzelpunktmassen relativ zum Schwerpunkt des Strukturbauteils beschreibt und den Drehimpuls $\underline{L}(t)$ direkt in Verbindung zur Winkelgeschwindigkeit $\underline{\omega}(t)$ setzt [GOL89]. $\underline{\underline{J}}(t)$ ist eine 3 x 3 Matrix und kann für die initiale Position des Bauteils im Voraus berechnet werden. Es lässt sich weiter zeigen, dass diese initiale Matrix $\underline{\underline{J}}_{initial}$ durch folgende Multiplikationen mit der aktuellen Rotationsmatrix $\underline{\underline{R}}(t)$ an die jeweilige Orientierung des Bauteils angepasst werden kann [WIT97a]:

$$\underline{\underline{J}}(t) = \underline{\underline{R}}(t)\, \underline{\underline{J}}_{initial}\, \underline{\underline{R}}^T(t). \qquad \text{Gl. 6.12}$$

Mit Hilfe des Trägheitstensors $\underline{\underline{J}}(t)$ vereinfacht sich Gleichung GL. 6.11 zu:

$$\underline{L}(t) = \underline{\underline{J}}(t)\, \underline{\omega}(t). \qquad \text{Gl. 6.13}$$

Aus dem Drehimpuls $\underline{L}(t)$ wiederum lässt sich die Beziehung zum Moment $\underline{M}(t)$ ableiten:

$$\frac{d}{dt}\underline{L}(t) = \underline{M}(t). \qquad \text{Gl. 6.14}$$

Mit den in den Gleichungen 6.8, 6.10 und 6.14 definierten Änderungsgrößen Rotationsmatrix, Impuls und Drehimpuls können die Elemente des abgeleiteten Zustandsvektors $\frac{d}{dt}\underline{Y}(t)$ berechnet und – nach einer Linearisierung analog zum Punktmassensystem – mit einem Lösungssystem für Differentialgleichungen für einen beliebigen Zeitpunkt t berechnet werden:

$$Y(0) = \begin{pmatrix} x(0) \\ R(0) \\ P(0) \\ L(0) \end{pmatrix}, \qquad \frac{d}{dt}\underline{Y}(t) = \frac{d}{dt}\begin{pmatrix} \underline{x}(t) \\ \underline{\underline{R}}(t) \\ \underline{P}(t) \\ \underline{L}(t) \end{pmatrix} = \begin{pmatrix} \underline{v}(t) \\ \underline{\omega}(t)^{*}\, \underline{\underline{R}}(t) \\ \underline{F}(t) \\ \underline{M}(t) \end{pmatrix}. \qquad \text{Gl. 6.15}$$

Zu berücksichtigen ist hierbei zum einen, dass $\underline{Y}(t)$ zumindest für die Zeitpunkte t_i berechnet werden muss, an denen eine Kraft- oder Momenteneinwirkung an der Maschinenkinematik stattfindet. Zum anderen darf die Schrittweite nicht zu groß gewählt werden, da es ansonsten zu Instabilitäten bei den numerischen Lösungssystemen kommen kann.

6.1.2 Beschränkung der Freiheitsgrade

Degree of freedom constrain

Durch die Beschränkung der Freiheitsgrade können verschiedene Interaktionen zwischen den Körpern definiert werden. So lassen sich Koppelstellen, wie beispielsweise Führungen und Antriebe, zwischen zwei Strukturbauteilen ebenso abbilden wie das Kollisionsverhalten eines Bauteils bezüglich der Kollisionsebene oder auch komplexere Beziehungen zwischen mehreren Strukturbauteilen. Die Beschränkung der Freiheitsgrade bedeutet für ein Bauteil in diesem Fall die Festlegung auf eine Bewegungsbahn $\underline{x}(t)$. Die Bewegung der Strukturbauteile wird – mit Ausnahme der Startbedingungen – durch Kräfte und Momente beeinflusst, wie oben bereits hergeleitet wurde.

Die auf ein Strukturbauteil einwirkenden Kräfte sind vor der Lösung des Zustandsvektors $\underline{Y}(t)$ des Systems derart zu verändern, dass nur noch auf die entsprechende Bewegungsbahn hinführende Geschwindigkeiten und Kräfte zugelassen werden [WIT90].

Zunächst müssen die Beschränkungen zwischen zwei Bauteilen auf Grund ihrer kinematischen Beziehung (z. B. Linearführung, Kugelgelenk etc.) mit einer entsprechenden Funktion beschrieben werden. Die an den einzelnen Bauteilen angreifenden Kräfte werden ebenfalls in einem Vektor $\underline{Q}$ vereinigt. Sie müssen durch eine entsprechende Kompensationskraft $\hat{\underline{Q}}$ so modifiziert werden, dass die Bauteile nur eine Kraftkomponente entlang der definierten Bewegungsbahn behalten. Diese Kompensationskraft wird durch ein geeignetes differentielles Lösungsverfahren unter Bezugnahme der Bewegungsbahn berechnet.

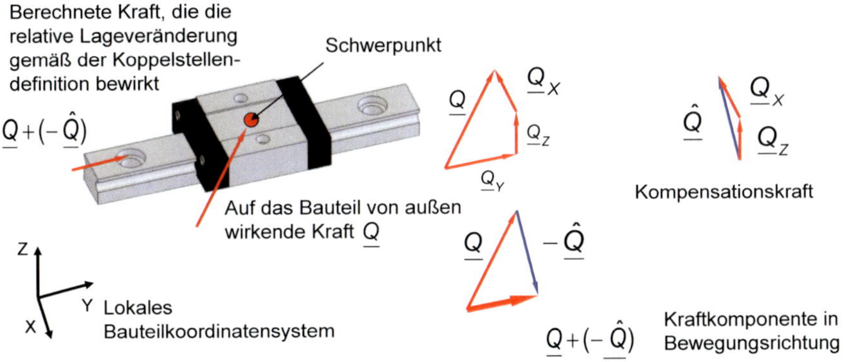

Bild 6-1: Beschränkung der Freiheitsgrade

Degree of freedom constrain

In Bild 6-1 ist am Beispiel eines Führungssystems das Verfahren exemplarisch dargestellt. Bei den gegebenen Randbedingungen drückt der Führungsschuh mit der Kraft $\underline{Q}$ auf die Führungsschiene. Durch die Kenntnis, dass sich der Führungsschuh nur entlang der Führungsschiene bewegen kann (hier Y-Richtung), kann die Kompensationskraft $\hat{\underline{Q}}$ berechnet werden. Die Kompensationskraft $\hat{\underline{Q}}$ ist diejenige Kraft, die von der ursprünglichen Kraft $\underline{Q}$

abgezogen werden muss, damit lediglich ein Kraftvektor (hier in Y-Richtung) in Bewegungsrichtung übrig bleibt.

Ein Simulationsdurchgang mit den obigen Berechnungen sieht demnach wie folgt aus:

- Alle aktuell in dem Modell der Werkzeugmaschine je Bauteil vorhandenen Kräfte und Momente (Antriebskräfte, Schwerkraft etc.) werden im globalen Kraftvektor $\underline{Q}$ akkumuliert.
- Die Zwangskräfte $\hat{\underline{Q}}$ werden berechnet und von dem jeweiligen Eintrag im Kraftvektor $\underline{Q}$ abgezogen.
- Die Ableitungen des Zustandsvektors $\underline{Y}(t)$, Gl. 6.15, werden berechnet und dem Lösungssystem übergeben.

6.1.3 Kollisionserkennung

Collision detection

Zur korrekten Bewegungssimulation einer Werkzeugmaschine ist es nicht nur notwendig, dass Zwangsbedingungen, wie etwa bei Führungen, implementiert sind, sondern auch, dass es zu keiner Kollision zwischen den unterschiedlichen Strukturbauteilen kommt.

Bei einer Kollision muss das System sicherstellen, dass durch eine geeignete Gegenmaßnahme die Bauteile nicht ineinander eindringen, sondern abgestoßen werden bzw. aufeinander gleiten. Dazu wird permanent die Relativgeschwindigkeit in Richtung der Kollisionsnormalen berechnet. Kollidierender Kontakt liegt vor, wenn $v_{rel} < 0$ ist, bleibender Kontakt ist gegeben, wenn $v_{rel} = 0$ ist. Diese beiden Fallunterscheidungen werden systemintern unterschiedlich behandelt.

Bei einem Kontakt ist eine sofortige Geschwindigkeitsänderung notwendig, um eine Durchdringung der beiden Körper zu vermeiden. Durch Aufbringen einer Zwangskraft $\hat{\underline{Q}}$ – wie in Kapitel 6.1.2 beschrieben – ist dies jedoch nicht möglich, da keine noch so große Kraft eine sofortige Umkehr der Geschwindigkeit bewirken kann. Dieses lässt sich aber durch Anwendung eines Impulses J bzw. $-J$ auf die Kollisionspunkte der beiden Bauteile in Richtung der Normalen n gewährleisten. Wenn v_{rel}^{+} die relative Geschwindigkeit vor und v_{rel}^{-} die relative Geschwindigkeit der beiden Bauteile nach der Kollision ist, so gilt in Abhängigkeit von Härte und Elastizität der Oberflächen der beiden Bauteile für die relativen Geschwindigkeiten vor und nach dem Stoß:

$$v_{rel}^{+} = \varepsilon v_{rel}^{-}, \quad 0 \le \varepsilon \le 1, \qquad \text{Gl. 6.16}$$

wobei ε den Verlust der kinetischen Energie beeinflusst [WIT97b].

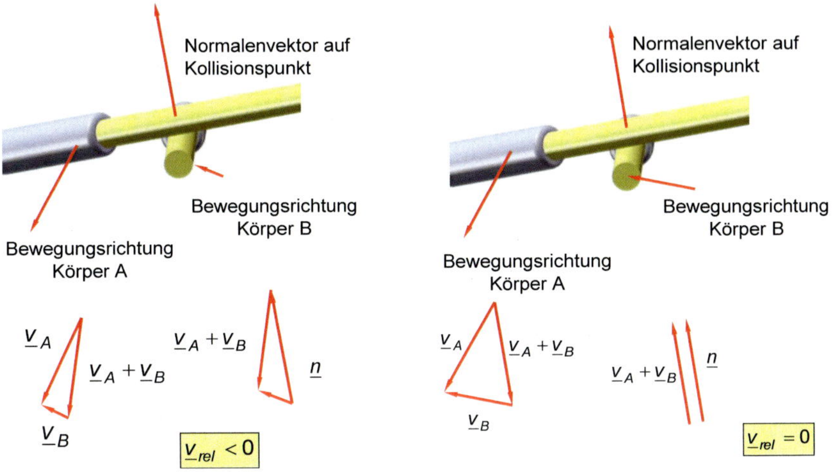

Bild 6-2: Relative Geschwindigkeit der Bauteile zueinander
Relative velocity of bodies in relation to each other

Bei einem bleibenden Kontakt, also wenn $v_{rel} = 0$ ist, lässt sich die Durchdringung wiederum durch Hinzufügen einer Zwangskraft $\underline{\hat{Q}}$ herbeiführen (vgl. Kapitel 6.1.2).

Auf diese Weise lassen sich beliebige Einschränkungen oder Gelenke zwischen zwei Körpern definieren und in die Simulation integrieren.

6.1.4 Erweiterungen zur Kinematiksimulation
Extensions for the kinematic simulation

Im Normalfall wird die Simulation durch Kraft- oder Momenteinwirkungen auf einen Körper gesteuert. Die auf einen Körper wirkenden Kräfte werden vor jedem Simulationsschritt akkumuliert, so dass verschiedene Kräfte wie Bearbeitungskräfte oder die Schwerkraft berücksichtigt und zu einem Gesamtkraftvektor (oder ggf. zu einem Gesamtmomentvektor) addiert werden. Diese Krafteinwirkung kann mit einem Offset kombiniert werden, um einen Krafteinfluss außerhalb des Schwerpunkts zu bewirken.

Ein Nachteil dieser Methode ist die nicht sehr intuitive Steuerung durch die Kräfte. Um etwa einen Körper auf eine gewünschte Geschwindigkeit zu beschleunigen, müssen die aktuelle Geschwindigkeit, die Masse des Bauteils, die aktuelle Schrittweite des Integrators sowie die mit diesem Bauteil verbundenen Nachbarn bekannt sein. Erst mit diesen Daten lässt sich die gewünschte Dosierung der Kraft berechnen. Ein weiterer Nachteil liegt in der Schwierigkeit, eine geradlinige Bewegung des Körpers zu gewährleisten. Ist der Körper mit anderen Körpern verbunden, so kann die Bewegungsrichtung auf Grund der zusätzlichen Beschränkungen durchaus von der Richtung der einwirkenden Kraft abweichen.

Die Lösung dieses Problems wird in der vorliegenden Arbeit mit Hilfe von Gelenkmotoren realisiert; diese beschleunigen einen Körper exakt entlang ihrer Achse oder um diese herum.

Im Fall einer rotatorischen Koppelstelle kann etwa die relative Winkelgeschwindigkeit der verbundenen Bauteile miteinander in Beziehung gesetzt werden. Sobald die gegebene Geschwindigkeit von Null abweicht, wird der Motor gestartet. Auf dem gleichen Weg kann bei einer translatorischen Koppelstelle die Relativgeschwindigkeit der Bauteile beeinflusst werden. Auch die absolute Geschwindigkeit bzw. die Winkelgeschwindigkeit eines Bauteils lässt sich auf diese Weise manipulieren, wobei der entsprechende Motor fest im Raum aufgehängt werden kann und die Geschwindigkeit des angehängten Bauteils steuert. Relative und absolute Geschwindigkeit sind in diesem Fall identisch.

Auf diese Art und Weise kann das Modell einer Werkzeugmaschine in der VE durch eine Vorwärtskinematik erweitert werden. Eine solche Vorwärtskinematik lässt sich dazu nutzen, mit einer realen Maschinensteuerung die virtuelle Werkzeugmaschine zu verfahren. Die Studenteninitiative Siemens Sachsen e. V. hat dies im Rahmen eines Forschungsvorhabens in die Praxis umgesetzt [STU08]. In weiteren Forschungsprojekten soll zukünftig auch die Integration anderer nützlicher Funktionen im Zusammenhang mit der Maschinensimulation, etwa die Simulation realer Regelkreise und damit des realen Achsverhaltens, realisiert werden.

Bild 6-3: Reale Maschinensteuerung zur Steuerung der virtuellen Werkzeugmaschine
Real machine control for controlling a virtual machine tool

6.2 Automatisierte Erzeugung einer Kinematik von Werkzeugmaschinen

Automated generating of a kinematic for machine tools

In Kapitel 4.4.2 wurde bereits gezeigt, dass das Programm StrukExm in der Lage ist, ein FE-Modell einzulesen und Koppelstellen zwischen Gestellbauteilen zu identifizieren. In einem interaktiven Dialog können den identifizierten Koppelstellen Gelenktypen zugewiesen werden. Die so gewonnenen Informationen müssen nun dahingehend aufbereitet werden, dass es möglich ist, diesen Gelenktypen die oben beschriebenen Funktionen zuzuordnen, damit ein physikalisch korrektes Objektverhalten der Strukturbauteile zu erreichen ist. So kann beispielsweise der Anwender den TCP beliebig im Raum positionieren und orientieren, wobei sämtliche Bauteile physikalisch korrekt mitgeführt werden. Die in den vorherigen Kapiteln beschriebene Herleitung des Zustandsvektors $\underline{Y}(t)$ (Gl 6.15) sowie die Beschränkung der Freiheitsgrade auf Grund von vorgegebenen Gelenken, Führungen oder auch Kollisionen werden zum Teil durch die Open-Source-Bibliothek Open Dynamics Engine (ODE) [SMI08] und die Bibliotheken zur Kollisionserkennung Optimized Collision Detection (OPCODE) und Solid [VAN08] abgedeckt. Durch eine Integration dieser Bibliotheken in das Programm StrukExm und die entsprechenden Erweiterungen wird die Maschinenkinematik automatisiert abgeleitet und im Datenmodell von ViSTA für eine Interaktion in der Virtuellen Welt hinterlegt. Somit kann der Anwender das Modell der Werkzeugmaschine wie das reale Modell entlang seiner Führungen verfahren.

6.2.1 Integration der Open Dynamics Engine

Integration of the Open Dynamics Engine

Die Open Dynamics Engine ist eine Open-Source-Bibliothek, in der die physikalischen Bewegungsgleichungen für ein physikalisch korrektes Objektverhalten hinterlegt sind. Wie bereits in Kapitel 2.2.3.2 erwähnt, eignet sich die ODE, um die oben genannten Konzepte zur Umsetzung von Bewegungen, Beschränkungen und zur Kollisionserkennung zu verwenden.

In der ODE wird ein globaler Zustandsvektor $\underline{Y}(t)$ für jedes Strukturbauteil des FE-Modells einer Werkzeugmaschine definiert. Diesem Zustandsvektor werden Eigenschaften wie Gewicht und Trägheit, Geschwindigkeit und Winkelgeschwindigkeit, Kraft und Moment sowie weitere Funktionen zugewiesen. Typischerweise werden Geschwindigkeiten und Kräfte eines Körpers zu Beginn der Simulation festgelegt. Zudem wird das Bauteil durch die Einwirkung von Kräften und Momenten sowie durch das Definieren von Impulsen und Drehimpulsen beeinflusst. Auch die in Kapitel 4.4.2 vorgenommene Spezifizierung der Koppelstellen erfolgt durch vordefinierte Funktionen in der ODE. Für jeden Koppelstellentyp gibt es in der ODE eine Funktion, um den entsprechenden Eintrag in der globalen Matrix $\underline{\underline{J}}$ zu initialisieren bzw. zu verändern. Folgende in Bild 6-4 dargestellte Koppelstellentypen stehen für die Simulation zur Verfügung [SMI08]:

- Bei einem Kugelgelenk-Lager (z. B. Anbindung der Maschinenachsen des Hexapoden an das Maschinengestell bzw. die Bearbeitungsplattform) sind jeweils zwei Strukturbauteile über einen gemeinsamen Punkt miteinander verbunden. Dieser Punkt ist zudem der einzige Parameter, der zur Erstellung des Gelenkes aus dem Programm StrukExm übergeben wird.
- Für ein rotatorisches Lager (z. B. Kugellager) oder einen rotatorischen Antrieb (z. B. Synchronantrieb) werden die Achse des Gelenks sowie seine Position benötigt. Zusätzlich besteht die Möglichkeit, den maximalen Winkel zu begrenzen, der eingenommen werden kann.
- Das translatorische Lager (z. B. Linearführung) oder der translatorische Antrieb (z. B. Lineardirektantrieb) legt die Bewegungsfreiheit auf einer gemeinsamen Achse fest, die zur Erstellung des Gelenks notwendig ist. Analog zum rotatorischen Lager oder Antrieb lässt sich die minimale und maximale Bewegung entlang der Achse begrenzen.

Das Programm StrukExm ist so ausgelegt, dass nur eine der oben aufgeführten Koppelstellentypen zwischen zwei Strukturbauteilen gewählt werden kann; dadurch ist eine konsistente Definition der Kopplung sichergestellt.

	translatorisch	rotatorisch	sphärisch
Antriebe	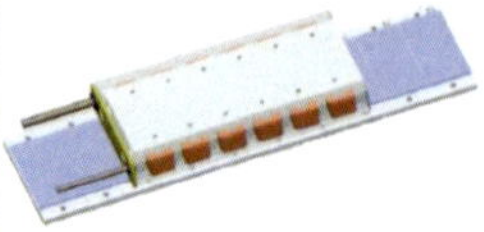 Lineardirektantrieb	 Synchronantrieb	
Lager	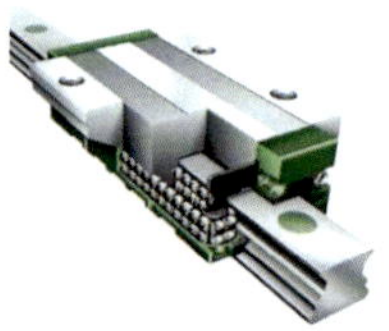 Linearführung	 Kugellager	 Kugelgelenklager

Bild 6-4: Koppelstellentypen von Werkzeugmaschinen
Different joints of machine tools

Erst wenn ein Verfahren und Orientieren etwa des TCP im Modell einer Werkzeugmaschine möglich ist, kann von einer Interaktion in einer VE gesprochen werden. Für eine solche Simulation müssen zwei allgemeine Bewertungskriterien erfüllt sein: die Genauigkeit und die Stabilität der Simulation. Ziel von ODE ist es, eine echtzeitfähige Simulation zu ermöglichen. Bei genügend kleiner Schrittweite sollte es gelingen, mehr als 15 Simulationsschritte in der Sekunde durchzuführen. Da die Hauptrechenzeit bei einer Bewegung des Modells einer Werkzeugmaschine auf den Integrator entfällt, geht die Geschwindigkeit von ODE jedoch auf Kosten der Simulationsgenauigkeit [SMI08].

6.2.2 Kollisionserkennung mit Hilfe der Bibliotheken OPCODE und Solid

Collision detection with OPCODE and Solid libraries

In der ODE-Bibliothek ist mit der OPCODE-Bibliothek (Optimized Collision Detection) [TIE08] bereits eine Kollisionserkennung implementiert. Das Resultat einer Kollision besteht bei dieser Bibliothek – wie in Bild 6-5 links dargestellt – aus einem oder mehreren Kontaktpunkten sowie aus einer Normale $\underline{n}$, die die Richtung angibt, in der Körper 2 um die Eintauchtiefe t verschoben werden muss, um die Tiefe $t = 0$ zu erreichen. Da durchaus mehrere Kontaktpunkte bei einer Kollision zwischen zwei Bauteilen generiert werden, ist die OPCODE-

Bibliothek insbesondere für die Umsetzung der realistischen Kontaktsimulation geeignet. Diese sollte als Eingabe mindestens drei bis vier Kontaktpunkte je Objektkollision erhalten, um realistisches Kollisionsverhalten zu erzeugen. OPCODE erkennt allerdings auf Dreiecksnetzen mit sehr stark variierenden Dreiecksgrößen nicht immer sämtliche Kollisionen. Da dieser Fall vor allem im Zusammenhang mit reduzierten Netzen (vgl. Kapitel 5) häufig auftritt, ist mit Solid [VAN08] zusätzlich eine zweite Kollisionserkennung integriert worden.

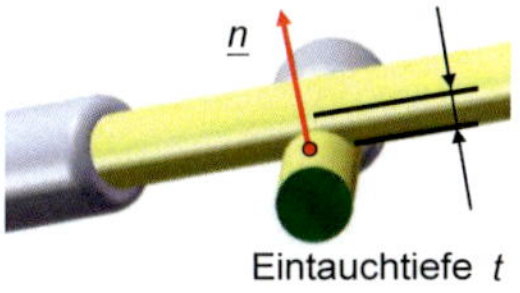

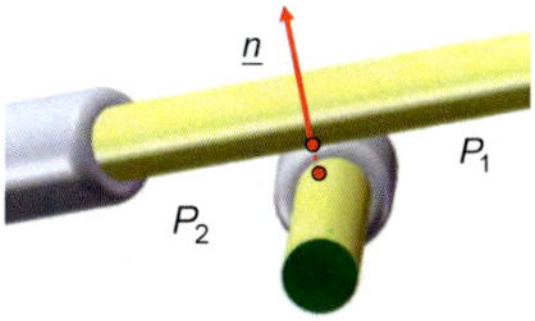

Bild 6-5 : Kontaktdaten der Bibliotheken OPCODE und SOLID
Contact data of OPCODE and SOLID library

Die Kontaktstruktur von Solid unterscheidet sich von der obigen OPCODE-Struktur wie folgt (siehe Bild 6-5 rechts): Tritt eine Kollision auf, werden die Daten aus dem vorherigen Simulationsschritt verwendet. So werden für den Fall einer Kollision zweier Körper die Punkte P_1, und P_2 zurückgegeben, die im zuvor durchgeführten Simulationsschritt die geringste Distanz zueinander hatten. Zusätzlich wird eine Normale $\underline{n}$ generiert. Diese wird in der Implementierung zur Darstellung der (genäherten) Kontaktebene genutzt.

Solid und OPCODE können simultan als Kollisionserkennung eingesetzt werden. Zusätzlich lassen sich einzelne Bauteile entweder durch einen Eintrag in der INI-Datei (Kapitel 4.4.2) oder durch einen entsprechenden Funktionsaufruf der jeweils anderen Bibliothek zuordnen.

6.2.3 Leistungsvergleich von erzeugten Kinematiken mit Kollisionserkennung

Benchmark of kinematics with collision detection

Die Komplexität der Kinematik sowie die Anzahl der Dreiecke der Werkzeugmaschinenmodelle haben einen direkten Einfluss auf die Simulationsgeschwindigkeit, wie in Tabelle 6-1 gezeigt wird.

In Tabelle 6-1 sind Laufzeitmessungen aufgeführt, die mit den verschiedenen Maschinenmodellen vorgenommen worden sind. Als Kollisionserkennung wurde die Solid- und die OPCODE-Bibliothek gewählt. Die Messungen wurden auf einem handelsüblichen Athlon XP 2000 System mit 1024 MB Ram und einer ATI Radeon 9800 Graphikkarte unter Windows XP durchgeführt. Gemessen wurde die Anzahl der Simulationsschritte, die unter ODE pro Sekunde durchgeführt wurden.

Zunächst sollen die mit der Solid-Bibliothek erzielten Daten näher betrachtet werden. In einem ersten Durchgang wurden die Simulationsschritte ohne graphische Ausgabe, d. h.

ohne Visualisierung, durchgeführt. Ist zusätzlich die Kollisionserkennung ausgeschaltet, hängt das Ergebnis allein von der ODE ab, da ausschließlich die Kinematik berechnet wird. In diesem Fall ist ein deutlicher Leistungsabfall in Abhängigkeit von der steigenden Anzahl der Gelenke zu erkennen, was durch die dreidimensionale Suchstruktur bedingt ist (kubische Laufzeit). Wird die Kollisionserkennung hinzugeschaltet, spielt zusätzlich auch die Komplexität der Geometrie, also die Anzahl der Dreiecke, eine entscheidende Rolle. Die Werte des Modells der SKM 400 liegen hier auf Grund der komplexen Geometrie des Maschinenrahmens auf besonders niedrigem Niveau.

			Solid	OPCODE	Solid	OPCODE	Solid	OPCODE	Solid	OPCODE
			FZ 12		**Vision**		**SKM**		**Hexapod**	
	Anzahl Gelenke		3		6		32		19	
Originalmodell Simulations-schritte/Sekunde	Anzahl Dreiecke		34.629		69.505		134.448		3.384	
	ohne Visualisierung	Kollision aus	17.241	17.100	8.302	8.333	181	180	2.290	2.340
		Kollision ein	907	585	38	29	1,8	4,3	255	118
	mit Visualisierung	Kollision aus	20	20	9,4	9,4	4,9	4,7	230	224
		Kollision ein	19,1	19,2	8,8	6,9	1,4	4,3	147	84
Reduziertes Modell Simulations-schritte/Sekunde	Anzahl Dreiecke		8.796		14.287		73.580		-	
	ohne Visualisierung	Kollision aus	17.793	17.700	8.823	8.003	180	181	-	-
		Kollision ein	868	333	40	34	1,8	2,4	-	-
	mit Visualisierung	Kollision aus	51	52	35	35	8,5	8	-	-
		Kollision ein	48	43	28	16	1,5	1,9	-	-

Tabelle 6-1: Laufzeitanalyse unter Verwendung der Solid- und OPCODE-Bibliothek

Runtime analysis by using the Solid and OPCODE libraries

In einem zweiten Durchgang wurde nicht nur die Kinematik berechnet, sondern auch die graphische Ausgabe gerendert, indem die Kinematiksimulation so an die Renderfunktion von ViSTA gekoppelt wurde, dass vor jedem Rendervorgang ein Simulationsschritt durchgeführt wird. In diesem Fall zeigen sich bei allen Maschinen deutliche, durch die Renderfunktion verursachte Leistungseinbußen. Auffällig ist hier, dass die Kollisionserkennung, abgesehen von den sehr komplexen Maschinen, nicht zu nennenswerten Verlusten führt. Ebenso lässt sich erkennen, dass die Berechnung der Kinematik im Verhältnis zum Renderingprozess eine relativ kleine Rolle spielt, was die Notwendigkeit einer Netzreduktion deutlich unterstreicht.

Bei den Modellen der Werkzeugmaschinen konnte zusätzlich ein Test mit den reduzierten Geometrien durchgeführt werden. Die Komplexität der Bauteile wurde dadurch um den Faktor 2 (SKM 400) bis 5 (FZ 12 und VISION) reduziert. Ohne aktivierte Kollisionserkennung zeigten sich im Durchgang ohne Visualisierung, wie erwartet, keine nennenswerten Unterschiede. Dagegen führte die Komplexitätsreduktion in den Durchgängen mit Visualisierung zu einer deutlichen Leistungssteigerung. Am Beispiel der VISION erkennt man, dass bei einer Netzreduktion um knapp 80 % eine Leistungssteigerung um fast den Faktor 3–4 stattfindet.

Zum Vergleich finden sich in Tabelle 6-1 auch die Ergebnisse derselben Tests, die mit Hilfe der OPCODE-Bibliothek ausgeführt wurden. Die Leistungswerte sind bei sämtlichen Maschinen – mit Ausnahme der SKM 400 – niedriger als in den Ergebnissen der Solid-Bibliothek. Am deutlichsten wird dies in den Tests ohne Graphikausgabe. Demzufolge bietet es sich an, dem Benutzer die Option zu überlassen, welche Kinematik-Bibliothek er verwenden möchte.

6.3 Umsetzung der Kinematiksimulation

Kinematic simulation implementation

Auf Grundlage der in Kapitel 4.4.2 vorgestellten Bewegungsdefinitionen in dem Programm StrukExm kann mit der dort erzeugten INI-Datei die Kinematik mit integrierter Kollisionskontrolle automatisch mit Hilfe der oben beschriebenen Bibliotheken erzeugt werden. Diese Verfahren laufen als selbstständige Programmteile während einer Simulation im Hintergrund. Der Anwender kann aus StrukExm die Virtuelle Umgebung starten. Mit diesem Befehl werden dann die entsprechenden Dreiecksnetze, Knotenlisten und Gelenkdefinitionen geladen, und sämtliche VR-Ein- und -Ausgabemedien stehen zur Verfügung.

In der Regel ist der TCP des Modells einer Werkzeugmaschine in einer VE der Punkt, über den eine Bewegungssimulation gesteuert wird. Darüber hinaus können auch andere Bauteile per Dialog ausgewählt werden, mit denen die Maschine im Rahmen ihrer Beschränkungen verfahren werden kann. Zum Steuern des Modells eignen sich sowohl die Tastatur als auch weitere VR-Eingabegeräte wie Spacemouse oder 6D-Mouse. Die 6D-Mouse ermöglicht eine direkte Kopplung der Position des TCP an die Position des Flightsticks und bietet somit eine sehr intuitive Steuerung des Werkzeugmaschinenmodells.

Ebenfalls über eine Menüauswahl können die Gelenkmotoren angesteuert werden. Dabei lässt sich jedes im System vorhandene Gelenk auswählen und als „Motor“ definieren; die Gelenkgeschwindigkeit kann gewählt und jeder „Motor“ separat gestartet bzw. angehalten werden.

Für die Kollisionserkennung stehen verschiedene Modi zur Verfügung, die es ermöglichen, das Verhalten der beteiligten Bauteile bei einer Kollision zu beeinflussen. Dazu kann gewählt werden zwischen:

- keinem Verhalten,
- einfachem Anhalten der Simulation oder
- quasirealistischem Kollisionsverhalten, das eine Simulation des Kontaktverhaltens einschließt.

Zur späteren Bestimmung des Arbeitsraumes (vgl. Kapitel 7) wird bei einer Kollision die Simulation angehalten und die Bewegung als nicht möglich eingestuft. Dabei können zusätzlich zur kinematischen Reaktion auf eine Kollision verschiedene Arten von graphischen Rückmeldungen erfolgen. Eine implementierte Lösung markiert die kollidierenden Körper durch eine Bounding Box und zeigt die Kollisionsebene sowie den Kollisionspunkt an.

Bild 6-6 bis Bild 6-9 verdeutlichen die Kinematik der getesteten Maschinen und zeigen verschiedene Verfahrpositionen, die durch eine Simulation erreicht wurden.

Bild 6-6: Chiron FZ 12, Translationen in der XY-Ebene
Chiron FZ 12, translations in the XY-plane

Bild 6-7: Chiron VISION, Translation der Parallelkinematik in der XZ-Ebene
Chiron VISION, translation of the parallel kinematic in the XZ-plane

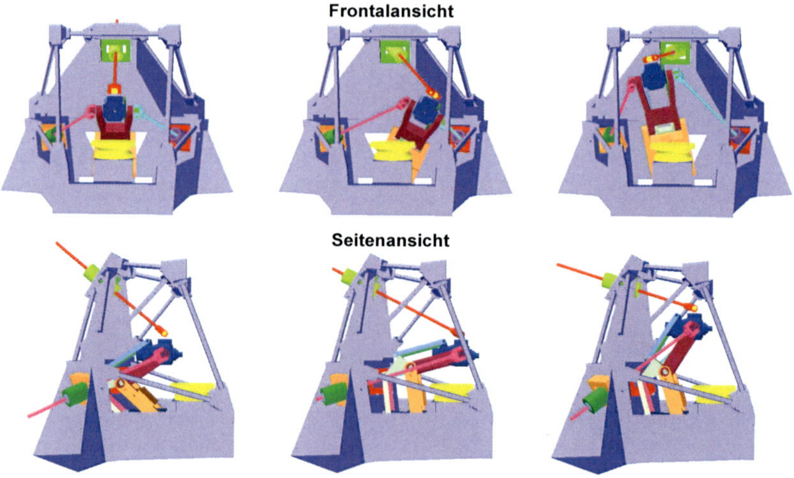

Bild 6-8: StarragHeckert SKM 400, Translation
StarragHeckert SKM 400, translatorical movement

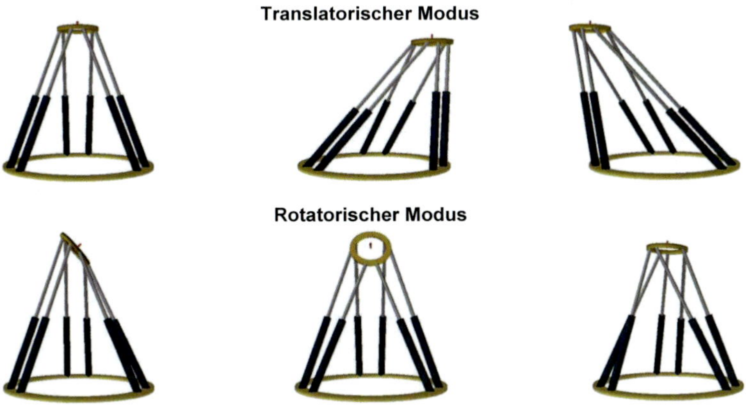

Bild 6-9: Modellhexapod, translatorische und rotatorische Bewegungen
Hexapodmodel, translatorical and rotatorical movement

6.4 Zwischenfazit

Chapter conclusion

Im Rahmen dieses Kapitels wurde gezeigt, wie eine Kinematikableitung mit integrierter Kollisionserkennung für die Erzeugung einer physikalisch korrekten Bewegungssimulation von Werkzeugmaschinenmodellen in einer VE zur Verfügung steht. Aufbauend auf der VR-Software ViSTA ist es damit möglich, die Kinematik einer Werkzeugmaschine in einer Virtuellen Umgebung zu analysieren. Für die Beschreibung der physikalischen Bewegungszusammenhänge wurde die Simulations-Bibliothek Open Dynamics Engine verwendet. Diese Bibliothek wurde an die gegebenen Randbedingungen der Software StrukExm und ViSTA angepasst und erweitert, so dass ohne weitere Arbeitsschritte aus StrukExm heraus automatisch eine vollständige Beschreibung des physikalisch korrekten Bauteilbewegungsverhaltens inklusive einer Kollisionserkennung hinterlegt ist. Aus funktionalen Gründen sowie auf Grund der höheren Leistungsfähigkeit wurde mit der Bibliothek Solid eine alternative Kollisionserkennung zu OPCODE, der in der ODE enthaltenen Kollisionserkennung, integriert, wobei diese Integration im Zusammenhang mit den hier typischen reduzierten Geometrien zu einer teilweise deutlichen Leistungssteigerung führte. Mit der Möglichkeit, die verwendete Kollisionserkennung zu wechseln, wird für jedes beliebige Modell einer Werkzeugmaschine eine optimale Performance ermöglicht.

7 Evaluierung des Arbeitsraums

Workspace evaluation

Die Evaluierung des Arbeitsraums ist gerade bei Werkzeugmaschinen mit Parallelkinematiken von großer Bedeutung, da es sich meist um äußerst komplexe Volumenformen handelt. Mit Hilfe der oben vorgestellten Kollisionserkennung und einem in diesem Kapitel entwickelten Suchalgorithmus kann durch das Herantasten an die Grenzen der Verfahrrichtungen sowie durch das Aufspüren möglicher Kollisionen der Arbeitsraum einer beliebigen Werkzeugmaschine evaluiert werden. Dazu werden in diesem Kapitel verschiedene Suchfunktionen vorgestellt, die sich lediglich hinsichtlich der verwendeten Heuristik unterscheiden.

7.1 Erzeugung geeigneter Suchalgorithmen

Generation of possible searching algorithms

Für die Berechnung des Arbeitsraums einer Werkzeugmaschine soll ein geeigneter Suchalgorithmus entwickelt werden, der einen Pfad zwischen einer Startposition des TCP im Arbeitsraum und einer Zielposition auf der den Arbeitsraum begrenzenden Hüllkurve findet.

[RUS03] beschreibt einen solchen Suchalgorithmus A*, dessen Hauptbestandteil eine Laufzeitkostenfunktion $f(s)$ für eine Position s ist, die sich aus den zwei Teilfunktionen $g(s)$ und $h(s)$ zusammensetzt:

$$f(s) = g(s) + h(s). \qquad \text{Gl. 7.1}$$

Die Funktion $g(s)$ stellt die (bekannten) Laufzeitkosten der Startposition s_{start} bis zur aktuellen Verfahrposition s dar. Dagegen handelt es sich bei der Funktion $h(s)$ um eine Heuristik, welche die (unbekannten) Kosten von der aktuellen Verfahrposition s bis zur Zielposition s_{ziel} abschätzt.

Je nach Wahl von $g(s)$ bzw. $h(s)$ ergeben sich unterschiedliche Auswirkungen auf den Verlauf der Suche. Die besondere Herausforderung besteht darin, eine geeignete Heuristik für die Lösung des jeweiligen Suchproblems zu finden. Eine solche Heuristik kann eine deutliche Verringerung der Laufzeit bewirken, während eine ungeeignete Heuristik zu keiner signifikanten Laufzeitverbesserung gegenüber einer sogenannten Brute-Force-Suchmethodik führt, die alle potenziellen Lösungen prüft.

Setzt man $h(s) \equiv 0$, ist $f(s) = g(s)$. Die (geschätzte) Entfernung zum Ziel spielt dann keine Rolle, und es wird jeweils die Verfahrposition weiterverfolgt, welche die kürzeste Distanz zur Startposition aufweist. Der Algorithmus weitet die Suche in diesem Fall somit gleichmäßig in alle Richtungen aus. Wird die Zielposition auf eine Position außerhalb des erlaubten Zustandsraums S gesetzt, so wird jede Verfahrposition $s \in S$ aufgesucht, bevor der Algorithmus terminiert wird. Diese Methode wird im nachfolgenden Kapitel 7.2 auf die Berechnung des Arbeitsraums angewendet.

Gilt hingegen $h(s) \neq 0$, so handelt es sich um den A* Algorithmus. Um die Optimalität des Algorithmus zu gewährleisten, muss zusätzlich vorausgesetzt werden, dass zum einen der geschätzte Wert der Heuristik nicht höher liegt als die realen Laufzeitkosten von der aktuellen Verfahrposition bis zur Zielposition und zum anderen der Wert der Funktion $f(s)$ entlang jedes Pfades beginnend vom Startknoten monoton steigt. Im Sinne einer beschleunigten Berechnung kann auf den ersten Punkt verzichtet werden, so dass ein Ergebnis zwar früher vorliegt, es aber noch kürzere Pfade geben kann. Falls die Erreichbarkeit genau einer Position gesucht wird, also lediglich das Vorhandensein eines Pfades von Interesse ist, bedeutet dieser Weg keinerlei Nachteil.

7.2 Implementierung der Suchfunktionen

Search function implementation

Innerhalb des Arbeitsraums kann jede Position und jede Orientierung durch den TCP des Werkzeugmaschinenmodells erreicht werden. Dieser Arbeitsraum kann bereits im Vorfeld durch Anpassung einer Suchbox begrenzt werden, die nicht wesentlich größer als der zu erwartende Arbeitsraum sein sollte. Folglich muss zunächst eine Diskretisierung dieses Zustandsraums vorgenommen werden, damit eine Terminierung der Algorithmen sicherzustellen ist. Zu diesem Zweck wird, ausgehend von der aktuellen Position des TCP als Ursprung, ein Gitter mit einer vom Benutzer festzulegenden Schrittweite angelegt. Die Nachbarpositionen s_i einer Verfahrposition s lassen sich nun durch Translationen der aktuellen Schrittweite entlang der Koordinatenachsen erreichen. Sollen die Nachbarn eines Knotens aufgesucht werden, verfährt der TCP der Werkzeugmaschine während der Simulation entlang dieser Achsen. Zur Beschleunigung ist zusätzlich noch eine hierarchische Struktur des Suchraums eingeführt worden. Analog zu einem Octree, der ein Volumen bei Bedarf in acht gleich große Teilvolumina zerlegt, wird bei dem hier genutzten Ansatz eine Gitterzelle in acht gleich große Zellen zerlegt (Bild 7-1); durch diesen Schritt halbiert sich die Entfernung zwischen den Nachbarknoten.

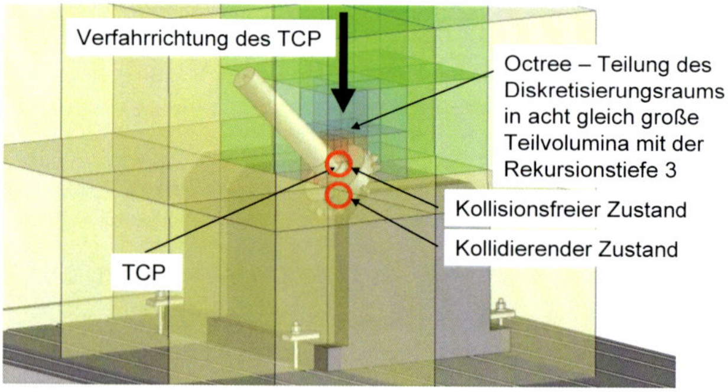

Bild 7-1: Adaption des Verfahrpositionsgitters an den Suchraum

Grid adaption of the movement position to the searching area

Der Einsatz dieser hierarchischen Struktur ermöglicht es, eine insgesamt höhere Gitterauflösung zu verwenden. In Bereichen, in denen die Bewegungsfreiheit innerhalb des Systems eingeschränkt ist – sei es, weil Kollisionen in der Werkzeugmaschine auftreten oder weil bestimmte Gelenke eine weitergehende Bewegung verhindern –, wechselt der Algorithmus in eine höhere Auflösung. Sobald ein Nachbarzustand in der aktuellen Auflösungsstufe nicht erreicht werden kann, werden die Nachbarzustände auf der höheren Auflösungsstufe getestet (Bild 7-1).

Bereiche, in denen eine freie Bewegung hingegen weitgehend möglich ist, lassen sich auf der gröberen Auflösungsstufe zügig evaluieren. Da im Voraus mögliche Hindernisse innerhalb des Bauraums nicht bekannt sind, wird die Gitterstruktur zur Laufzeit aufgebaut. Deshalb ist eine vorherige Optimierung dieser Gitterstruktur nicht möglich.

Grundlage für die Bewertung eines Zustands ist, wie in Kapitel 7.1 gezeigt wurde, die Bewertungsfunktion $f(s) = g(s) + h(s)$. Mit Hilfe der Manhattan-Distanz wird die reale Entfernung zum Ziel $g(s)$ berechnet, die in allen Varianten gleich ist. Die Manhattan-Distanz auf einem rechtwinkligen Gitter entspricht der kürzesten Distanz zweier Zustände unter Berücksichtigung nur der senkrechten und waagerechten Verbindungen. Primär hängt das Verhalten des Algorithmus von der verwendeten Heuristik $h(s)$ ab.

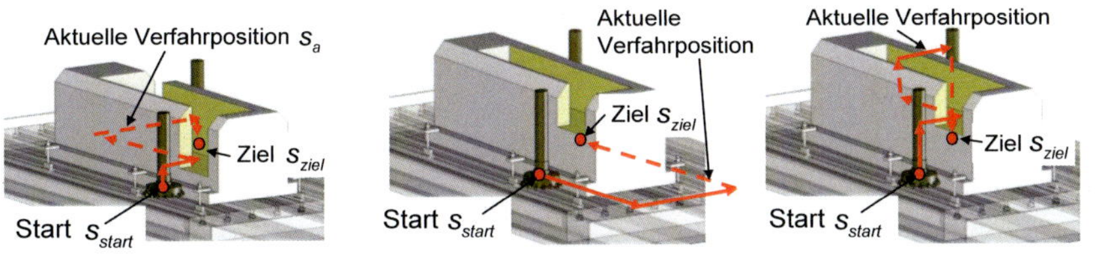

Heuristik h_1 — Kürzeste Entfernung zum Ziel | Heuristik h_2 — Gröbere Auflösung zum Ziel | Heuristik h_3 — Kombination aus h_1 *und* h_2

Bild 7-2: Auswirkung der Heuristik auf das Suchverhalten
Heuristic effects of the searching area

Für die vorliegende Problemstellung ist es nicht unbedingt notwendig, den kürzesten Pfad von der Startposition zur Zielposition zu finden, da als Ergebnis nur die Erreichbarkeit der Zielposition abgefragt wird. Vielmehr lässt sich durch eine Änderung der Heuristik das gewünschte Suchverhalten zielgerichtet beeinflussen. Es sei wiederum s_{start} die Startverfahrposition, s_{ziel} die Zielposition und s_a die aktuelle Verfahrposition auf der Ebene l_a. Weiter sei $P(s)$ die Position eines Zustands in Weltkoordinaten. Folgende Heuristiken werden im Rahmen dieser Arbeit zur Verfügung gestellt und können zur Laufzeit gewählt werden:

$$h_1(s_a) = P(s_{ziel}) - P(s_a) \qquad \text{Gl. 7.2}$$

$$h_2(s_a) = (l_a + 1)(P(s_{ziel}) - P(s_a))^2 \qquad \text{Gl. 7.3}$$

$$h_3(s_a) = (1-t)\, h_1(s_a) + t\, h_2(s_a), \quad 0 \le t \le 1 \qquad \text{Gl. 7.4}$$

Die Gleichung Gl. 7.2 stellt eine unterschätzende Heuristik dar, weil der Rückgabewert in jedem Fall kleiner oder gleich der realen Distanz zum Ziel ist, niemals aber größer. Mit Hilfe dieser Heuristik berechnet der Algorithmus die jeweils kürzeste Distanz zum Ziel, wobei es allerdings vorkommen kann, dass mehrere Pfade berechnet werden, was wiederum zu einer erhöhten Laufzeit führt. Weiter kann sich dieser Algorithmus bei Verwendung des hierarchischen Zustandsraums bevorzugt in den hochaufgelösten Randregionen aufhalten, solange diese Regionen in Richtung des Zielzustands liegen (siehe Bild 7-2 links).

Dieses Verhalten lässt sich mit der Heuristik in Gleichung Gl. 7.3 umgehen. Hier ist die Grundlage für die Entfernungsschätzung weiterhin die euklidische Distanz zwischen den beiden Zuständen; die Entfernung wird jedoch in Abhängigkeit von der Hierarchieebene zusätzlich erhöht. Existieren mehrere Pfade zum Zielzustand, so werden vermehrt solche Zustände aufgesucht, die auf der gröberen Auflösungsstufe des Gitters liegen. Es wird also ein Umweg in Kauf genommen, wenn auf diese Weise das Ziel mit weniger Simulationsschritten und daher schneller erreicht werden kann (siehe Bild 7-2 Mitte).

Eine Kombination der beiden erstgenannten Heuristiken stellt schließlich die Heuristik aus Gleichung Gl. 7.4 dar. So ist es etwa möglich, den Wert des Parameters t an die Entfernung des aktuellen Zustands s_a zum Ziel zu koppeln. Bei größeren Abständen wird auf diese Weise die Simulation auf dem gröberen Raster durchgeführt ($h_2(s)$ dominiert), während bei geringeren Abständen zum Ziel auch auf das feinere Raster zurückgegriffen wird ($h_1(s)$ dominiert), um etwa einen Weg durch feine Strukturen, wie beispielsweise ausgefräste Nuten, zu finden (siehe Bild 7-2 rechts).

Für die Evaluierung des gesamten Arbeitsraums einer Werkzeugmaschine spielt die gewählte Heuristik jedoch eine untergeordnete Rolle, da im Rahmen der Breitensuche jede Verfahrposition genau einmal besucht werden muss. Auch für den seriellen Erreichbarkeitstest einer Menge von Verfahrpositionen und Orientierungen wird keine Heuristik benötigt. In diesem Fall wird der TCP nacheinander an die gewünschten Positionen bewegt, bis jeder mögliche Zustand erreicht wurde.

7.3 Darstellung des Arbeitsraums

Workspace visualisation

Im Rahmen der vorliegenden Arbeit sind mehrere Suchalgorithmen implementiert worden, die jeweils eine entsprechende Darstellung in der VE erfordern. Für den seriellen Erreichbarkeitstest einer Menge von Verfahrpositionen des TCP kann auf Wunsch der zurückgelegte Pfad angezeigt werden. Auch bei einer Positions- bzw. Orientierungssuche ist neben der Transformation der Maschine in die neue Position eine zusätzliche Rückmeldung eingebaut worden, wobei hier die besuchten Gitterpositionen des Lösungspfades eingeblendet werden können. In beiden Fällen stehen die zur Visualisierung benötigten Daten als direktes Ergebnis des Algorithmus zur Verfügung.

Die Visualisierung des Arbeitsraums gestaltet sich hingegen komplexer, da die Menge der erreichbaren TCP-Positionen zusätzlich von der räumlichen Orientierung des TCP abhängen kann. So können Positionen existieren, die nur in wenigen Orientierungen zu erreichen sind. Eine kombinierte Darstellung des translatorischen und rotatorischen Arbeitsraums ist nicht möglich, da allein der translatorische Arbeitsraum schon drei Dimensionen zur Darstellung benötigt, für die Gesamtdarstellung jedoch sechs Dimensionen notwendig sind. Aus diesem Grund ist eine getrennte Darstellung für diese Arbeitsräume gewählt worden: Der translatorische Arbeitsraum stellt ein Volumen dar, welches aus der Menge der Zielverfahrpositionen trianguliert und visualisiert werden kann. Der rotatorische Arbeitsraum für eine bestimmte Position p_i dagegen zeigt die Winkel, um welche der TCP in dieser Position verstellt werden kann. Im Folgenden wird zuerst die Methodik zum Erstellen des translatorischen Arbeitsraums beschrieben, dann die des rotatorischen Arbeitsraums.

7.3.1 Bestimmung des translatorischen Arbeitsraums

Determination of the translatorical workspace

Zur Laufzeit des Algorithmus werden von den erreichten Gitterpositionen genau jene gespeichert, in denen die Bewegungsfreiheit des TCP eingeschränkt ist – sei es auf Grund einer Kollision oder auf Grund kinematischer Beschränkungen. Das Ergebnis der Berechnung ist also eine Wolke von Verfahrpositionen, die alle auf der Oberfläche des dreidimensionalen Arbeitsraumvolumens liegen. Ziel ist es, diese Punktwolke zu triangulieren, um so eine geschlossene Darstellung für den Bauraum der Werkzeugmaschine zu finden. Dazu wurde die erweiterte Quadiken-Fehlermetrik nach Hoppe herangezogen, die in VTK [VTK08] implementiert ist. Mit diesem Verfahren wurde bereits in Kapitel 5.3.3 gearbeitet, um ein neues Netz nach einer Knotenreduktion zu berechnen.

Die Ergebnisse dieser Methode werden in Kapitel 7.4 weitergehend vorgestellt.

7.3.2 Bestimmung des rotatorischen Arbeitsraums

Determination of the rotatorical workspace

Die Bestimmung des rotatorischen Arbeitsraums erfolgt mit einer beliebigen Startposition und -orientierung des TCP. Für den TCP muss ein Normalenvektor $\underline{n}$ definiert werden, der den Ausgangszustand darstellt. Zur Visualisierung werden nun die Maximalauslenkungen des Normalenvektors benutzt, die sich durch eine Rotation um die getesteten Rotationsachsen ergeben; anschließend werden diese Ergebnisvektoren trianguliert. Falls der TCP an der aktuellen Position nicht rotiert werden kann, ergibt sich dadurch eine einfache Gerade in Richtung der Normalen. Ist eine Rotation um jede Achse (innerhalb der Abtastrate) möglich, so entsteht eine Kugel.

7.4 Umsetzung der Arbeitsraumevaluierung in einer VE

Implementation of the workspace evaluation in a VE

Durch den in Kapitel 7.2 vorgestellten Suchalgorithmus und der entsprechenden graphischen Visualisierung (s. Kapitel 7.3) können nun Arbeitsräume von beliebigen Werkzeugmaschinen untersucht werden, die entsprechend den Vorverarbeitungsschritten (Netzreduktion und Kinematikableitung) aufbereitet wurden.

Wie in Kapitel 7.2 beschrieben, wird zunächst eine Suchbox um den möglichen Arbeitsraum gelegt, die die Suche grob einschränken soll. Dieser Suchbox wird die dimensionslose Kantenlänge 1 x 1 x 1 zugewiesen. Durch eine vorgegebene Startschrittweite von z. B. 0,25 wird diese Suchbox in $4^3 = 64$ Teilvolumina unterteilt. Entsprechend den Vorgaben des Benutzers kann auch eine Adaption des Netzes in Form einer Halbierung der Startschrittweite während der Laufzeit vorgenommen werden. Stößt der Algorithmus auf eine Kollision, so springt er in seine letzte gültige Verfahrposition zurück und halbiert die Schrittweite vor einer nächsten Überprüfung. Dieses rekursive Verfahren wird so oft angewendet, bis die vom Benutzer festgelegte Rekursionstiefe (Anzahl der Wiederholungen dieses Vorgangs) erreicht ist.

In Tabelle 7-1 sind exemplarisch für die Chiron FZ 12 und den Modellhexapoden diese Berechnungen mit unterschiedlichen Startschrittweiten und verschiedenen Rekursionstiefen in Hinblick auf ihre Laufzeit und Ergebnisqualität untersucht worden. Die Zeit gibt an, wie viele Sekunden für die Bestimmung der Punktwolke benötigt wurden. Zusätzlich wird die Anzahl der besuchten Punkte und Verfahrpositionen dokumentiert.

	Schrittweite	Tiefe	Zeit [s]	Punkte	Zustände
Chiron FZ12	0,02	0	160	1.820	5.501
	0,025	0	123	1.239	3.276
	0,05	0	24	232	361
		1	105	1.587	2.889
	0,1	0	7	40	55
		1	25	220	306
		2	105	1.352	2.987
Hexapod	0,02	0	212	10.737	54.733
	0,025	0	102	6.358	25.937
	0,05	0	19	1.431	3.246
		1	79	6.463	22.158
	0,1	0	4	289	410
		1	16	1.293	2.528
		2	77	6.415	20.364

Tabelle 7-1: Laufzeiten der Arbeitsraumuntersuchung

Runtime examination of the workspace evaluation

Die Simulation der Chiron FZ 12 erfolgte mit aktivierter Kollisionserkennung, was die längeren Laufzeiten – trotz der einfacheren Kinematik – bei dieser Simulation erklärt. Deutlich ist in den Ergebnissen die kubische Laufzeit des Algorithmus zu erkennen, die durch die dreidimensionale Suchstruktur bedingt ist.

Um einen direkten Vergleich der unterschiedlichen Einstellungen zu testen, sollen am Beispiel der Chiron FZ 12 die mit einer Netzauflösung von 0,025 – das entspricht einer Unterteilung einer jeden Kante in 40 gleich große Teile – erzielten Ergebnisse untersucht werden.

Die Netzauflösung von 0,025 kann auf mehrfache Weise erreicht werden:

- Auswahl der Startschrittweite von 0,025 mit der Rekursionstiefe 0
- Auswahl der Startschrittweite von 0,05 mit der Rekursionstiefe 1
- Auswahl der Startschrittweite von 0,1 mit der Rekursionstiefe 2

Vergleicht man nun die Ergebnisse dieser Auswahl an der Chiron FZ 12, so ist zu erkennen, dass durch eine Halbierung der Startschrittweite und durch eine Erhöhung der Rekursionstiefe die Berechnungszeit von 123s auf 105s reduziert wird. Allerdings kann eine weitere Halbierung der Startschrittweite und eine entsprechende Erhöhung der Rekursionstiefe keine Änderung der Laufzeit bewirken.

Einige graphische Ergebnisse der Arbeitsraumuntersuchung werden im Folgenden dargestellt. Bild 7-3 zeigt den Arbeitsraum, der mit Hilfe der Kollisionserkennung für das Modell der Chiron FZ 12 mit der Schrittweite von 0.05 berechnet wurde.

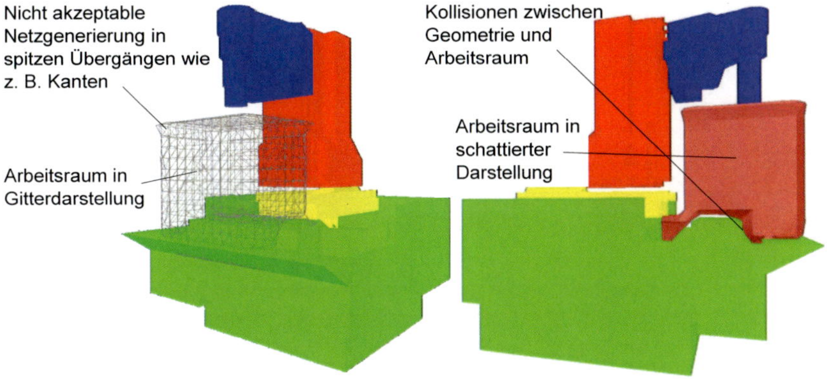

Bild 7-3: Arbeitsraum der Chiron FZ 12
Workspace of the Chiron FZ 12

Der Arbeitsraum des Hexapoden wird in Bild 7-4 ebenfalls in der Auflösungsstufe von 0.05 dargestellt. An diesem Beispiel sind die Strukturen zu sehen, die durch die drei Achspaare entstehen. Deutlich zu erkennen ist in diesem Fall die Auflösungsstufe des Gitters.

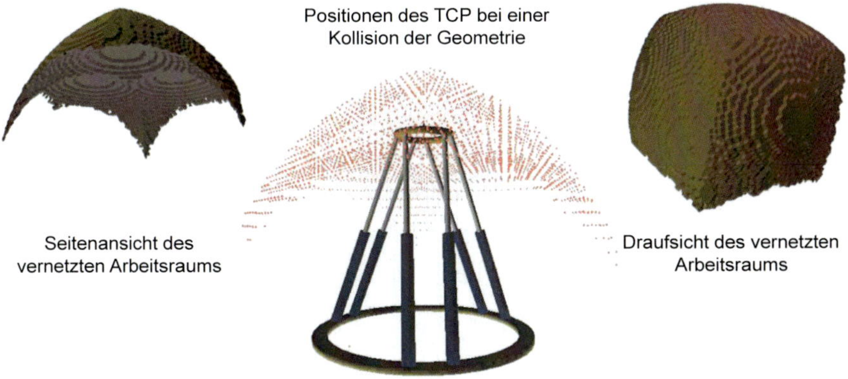

Bild 7-4: Arbeitsraum des Modellhexapoden
Workspace of the hexapodmodel

7.5 Zwischenfazit

Chapter conclusion

Auf den Funktionalitäten der Kinematikableitung mit integrierter Kollisionskontrolle (vgl. Kapitel 6) aufbauend, wurden zusätzliche Methoden zur Arbeitsraumexploration implementiert. In relativ kurzer Zeit (es handelt sich um wenige Sekunden) ist es nun möglich, den Arbeitsraum in einer hinreichend feinen, vom Anwender vorgegebenen Auflösung zu berechnen.

Mit dieser Funktionalität eröffnet sich dem Konstrukteur eine völlig neue Planungshilfe, die zurzeit nicht als integrierte Lösung verfügbar ist. Aus nur einem FE-Modell wird, wie in Kapitel 6 gezeigt, die Maschinenkinematik automatisiert abgeleitet, die dann in einer VE zur Anwendung kommen kann. Durch die vollautomatische Arbeitsraumevaluierung steht somit ohne umständliche und zeitaufwendige eigene Berechnungen in der geschlossenen Konstruktionsumgebung eine wichtige zusätzliche Information zur Verfügung. Der Konstrukteur kann neben dem Modell einer Werkzeugmaschine etwa auch ein virtuelles Werkstück in die VE einladen, um z. B. eine günstige Aufspannposition innerhalb des Arbeitsraums zu finden. In diesem Zusammenhang bietet es sich an, die im kommenden Kapitel beschriebene Schwachstellenanalyse zu Hilfe zu nehmen, bei der aus der Kenntnis von Verlagerungsberechnungen an verschiedenen Verfahrpositionen durch geeignete Interpolationsverfahren die Verlagerung des TCP auf Grund einer beliebig orientierten Bearbeitungskraft überall im Arbeitsraum berechnet werden kann.

8 Interaktive Analyse konstruktiver Schwachstellen von Werkzeugmaschinen

Interactive analysis of design weak points of machine tools

Wesentliche Anforderungen, die an Werkzeugmaschinen für die spanende Bearbeitung gestellt werden, sind sowohl hohe Zerspanleistungen bei der Schruppbearbeitung als auch Präzision bei der Fertigbearbeitung. Für die Genauigkeit des Werkstücks bei der Fertigbearbeitung ist die Bearbeitungsgenauigkeit der Werkzeugmaschine von großer Bedeutung. Ein Maß dafür ist die Abweichung der aktuellen Ist- von der Sollposition des Werkstücks zum Werkzeug [DAM04].

Die Bearbeitungsgenauigkeit wird einerseits von den beweglichen mechanischen Komponenten (Bauelemente und Gestellbauteile) einer Werkzeugmaschine, andererseits von der Steuerung bestimmt. Zu den wichtigsten Bauelementen zählen die Führungen zur Bewegung der Supporte und Arbeitstische, die Vorschubantriebe sowie die Lagerungen der Hauptspindeln, die direkt im Kraftfluss liegen.

In einer statischen Verformungsanalyse kann mit Hilfe einer Finite-Elemente-Berechnung die Abweichung der aktuellen Ist- von der Sollposition unter Berücksichtigung sämtlicher Bauelemente und Gestellbauteile ermittelt werden. Liegt die berechnete Abweichung über der im Pflichtenheft geforderten Abweichung, so müssen Optimierungsmaßnahmen ergriffen werden. Dabei ist zu berücksichtigen, dass die geforderten Minimalabweichungen im gesamten Arbeitsbereich zur Herstellung eines Werkstücks nicht überschritten werden dürfen.

Um gezielt Optimierungsmaßnahmen einleiten zu können, muss der Konstrukteur wissen, welches Bauelement oder Gestellbauteil den größten Anteil an der Abweichung der aktuellen Ist- zur Sollposition ausmacht. Hierbei spricht man von einer Analyse konstruktiver Schwachstellen. Handelt es sich bei der größten Schwachstelle um ein Gestellbauteil, kann die Schwachstelle oft durch geeignete Veränderungen des konstruktiven Aufbaus des betreffenden Bauteils verbessert oder sogar beseitigt werden. Wird eine Schwachstelle bei Bauelementen aufgedeckt, so sind diese Bauelemente in der Regel nicht genügend steif ausgelegt. Hier ist meist die Wahl anderer Elemente mit höheren Steifigkeiten zielführend.

Die Analyse konstruktiver Schwachstellen von Werkzeugmaschinen ist derzeit in keiner handelsüblichen Software implementiert. Sie war jedoch Gegenstand des Forschungsvorhabens „Der integrierte Konstruktionsarbeitsplatz", wie er in Kapitel 2.3 [DAM04], [WEC00b] vorgestellt wurde. Allerdings wurde in diesem Projekt deutlich, wie komplex beispielsweise die Durchführung einer Verformungsanalyse einer Werkzeugmaschine an beliebigen Verfahrpositionen ist. Die besondere Herausforderung in diesem Vorhaben war auch die Integration der Schwachstellenanalyse in die bestehende CAD-FE-Software CATIA V4, die über die interne API vorgenommen wurde. Diese Software ist in dieser Form allerdings nicht mehr auf dem Markt verfügbar.

Die in diesem Kapitel beschriebene Analyse konstruktiver Schwachstellen wählt einen allgemeingültigeren Weg. Anstelle einer integrierten Lösung, die eine spezielle Software eines Herstellers voraussetzt, bedient man sich lediglich eines universellen FE-Datenformats, wie es zahlreiche FE-Programmhersteller exportieren (vgl. Kapitel 4.3). Dadurch ist eine Unabhängigkeit gewährleistet.

In den vorangegangenen Kapiteln wurde gezeigt, wie auf Grundlage dieses universellen FE-Datenformats das Modell einer Werkzeugmaschine automatisiert so aufbereitet wird, dass es in einer VE visualisiert werden kann. Ebenso wurden Koppelstelleninformationen aus den FE-Daten extrahiert und für die automatische Generierung der Kinematik einer Werkzeugmaschine verwendet. Mit diesen Mitteln ist der Anwender in der Lage, mit Hilfe nur eines einzigen FE-Datensatzes das Modell einer Werkzeugmaschine mit integrierter Kinematik in eine VE zu laden und es interaktiv zu betrachten, indem er beispielsweise den TCP beliebig im Arbeitsraum verfahren kann.

Darauf aufbauend liegt es nun nahe, weitere Interaktionsmöglichkeiten für die Analyse und Optimierung einer Werkzeugmaschine zu integrieren. Ein Beispiel ist die in Kapitel 6.2.2 beschriebene Kollisionskontrolle oder die Evaluierung des Arbeitsraums, wie sie in Kapitel 7 dargestellt wurde.

In diesem Kapitel soll nun ein weiteres Werkzeug für die Analyse und Optimierung von Werkzeugmaschinen vorgestellt werden, nämlich die Analyse konstruktiver Schwachstellen. Hierzu eignen sich besonders die Interaktions- und Visualisierungstechniken einer Virtuellen Umgebung, da im Laufe einer solchen Analyse zahlreiche Informationen generiert werden, die auf herkömmlichen Wegen nur mit einem großen Zeitaufwand ausgewertet werden können.

Darüber hinaus bietet sich die in dieser Arbeit vorgestellte Kinematikableitung an, um die Werkzeugmaschine an beliebige Positionen interaktiv zu verfahren. Ergebnisse können – abhängig davon, an welchen Verfahrpositionen zuvor ein vollständiges Berechnungsergebnis vorliegt – entsprechend der Visualisierungsaufbereitung (vgl. Kapitel 5.4) in einer VE betrachtet werden. Darauf aufbauend besteht die Möglichkeit, diese Daten weitergehend zu analysieren, so dass verschiedene Informationen, wie Verlagerungsanteile von Koppelstellen und Gestellbauteilen und die damit verbundene Identifikation von konstruktiven Schwachstellen, mit Hilfe einer VE sehr intuitiv interpretierbar sind.

Dazu werden aufeinander aufbauend die folgenden Schritte vorgestellt:

- Verlagerungsanalyse von Koppelstellen
- Verlagerungsanalyse von Koppelstellen und Gestellbauteilen
- Schwachstellenanalyse mit beliebiger Kraftangriffsrichtung
- Schwachstellenanalyse an beliebigen Verfahrpositionen

Nach der Vorstellung dieser Verfahren wird in diesem Kapitel auch gezeigt, wie gewinnbringend eine Interpretation der Datenflut mit Visualisierungstechniken einer VE sein kann.

8.1 Integration eines FE-Solvers für die Berechnung der Verlagerungen von Koppelstellen und Strukturbauteilen

Integration of an FE solver for calculation of deformations of joints and structure parts

Zunächst soll die prinzipielle Arbeitsweise des in das Programm StrukExm integrierten FE-Solvers zur Berechnung der Verlagerungsanalysen von Koppelstellen und Gestellbauteilen vorgestellt werden.

Bei der Finite-Elemente-Methode verhält es sich wie bei einer einfachen Feder: Es stellt sich ein statischer Zustand eines Bauteils ein, wenn die äußere Belastung ebenso groß ist wie die innere Federkraft.

Es gilt:

$$F = k\,u, \qquad \text{Gl. 8.1}$$

wobei k die Federsteifigkeit, u die Verschiebung und F die äußere Belastung darstellt.

Diese Gleichgewichtsbedingung verwendet auch die Finite-Elemente-Methode: Die äußere Belastung ist so groß wie die Reaktion in der Struktur, die sich aus den Steifigkeiten ergibt, die mit den Freiheitsgraden multipliziert sind. Daher können sämtliche Randbedingungen (Fesselungen und Belastungen) nur an Knoten in Richtung der vorhandenen Freiheitsgrade aufgebracht werden [WECK02].

Die Steifigkeit der Elemente wird durch eine Steifigkeitsmatrix $\underline{\underline{k}}$ beschrieben. Sind die Steifigkeitsmatrizen aller Elemente bekannt, so können diese in einer Gesamtsteifigkeitsmatrix zusammengefasst werden.

Zur Ermittlung dieser Steifigkeitsmatrix werden herangezogen:

- die Gleichgewichtsbedingung
- das Materialgesetz
- die kinematischen Beziehungen (Verzerrungs-Verschiebungs-Beziehung)

Für einen 3D-Fall lässt sich die Dehnung $\underline{\varepsilon}$ wie folgt berechnen:

$$\underline{\varepsilon} = \begin{bmatrix} \varepsilon_{xx} \\ \varepsilon_{yy} \\ \varepsilon_{zz} \\ \gamma_{xy} \\ \gamma_{yz} \\ \gamma_{zx} \end{bmatrix} = \begin{bmatrix} \frac{\partial}{\partial x} & 0 & 0 \\ 0 & \frac{\partial}{\partial y} & 0 \\ 0 & 0 & \frac{\partial}{\partial z} \\ \frac{\partial}{\partial y} & \frac{\partial}{\partial x} & 0 \\ 0 & \frac{\partial}{\partial z} & \frac{\partial}{\partial y} \\ \frac{\partial}{\partial z} & 0 & \frac{\partial}{\partial x} \end{bmatrix} \cdot \begin{bmatrix} u \\ v \\ w \end{bmatrix} = \underline{D} \cdot \underline{u}\,. \qquad \text{Gl. 8.2}$$

Bei $\underline{D}$ wird auch von dem Verzerrungsvektor gesprochen, der sich aus einer Matrix mit Differentialoperatoren zusammensetzt. Die Verzerrungen ergeben sich also aus einer einmaligen Ableitung der Verschiebungen. Bei dem hier gezeigten Materialgesetz handelt es sich um das Hookesche Gesetz. Mit ihm wird lineare, homogene und isotrope Elastizität beschrieben. Das Materialgesetz lässt sich für den 3D-Fall herleiten zu:

$$\begin{bmatrix} \sigma_{xx} \\ \sigma_{yy} \\ \sigma_{zz} \\ \tau_{xy} \\ \tau_{yz} \\ \tau_{zx} \end{bmatrix} = \frac{E}{(1+\nu)\cdot(1-2\nu)} \cdot \begin{bmatrix} (1-\nu) & \nu & \nu & 0 & 0 & 0 \\ & (1-\nu) & \nu & 0 & 0 & 0 \\ & & (1-\nu) & 0 & 0 & 0 \\ & & & \frac{(1-2\nu)}{2} & 0 & 0 \\ & & & & \frac{(1-2\nu)}{2} & 0 \\ sym & & & & & \frac{(1-2\nu)}{2} \end{bmatrix} \cdot \begin{bmatrix} \varepsilon_{xx} \\ \varepsilon_{yy} \\ \varepsilon_{zz} \\ \gamma_{xy} \\ \gamma_{yz} \\ \gamma_{zx} \end{bmatrix}. \qquad \text{Gl. 8.3}$$

Die dritte Grundgleichung, die Gleichgewichtsbedingung, kann am differentiellen Element formuliert werden. Dadurch erhält man ein Differentialgleichungssystem, das nur noch für wenige Fälle exakt analytisch lösbar ist. Daher muss ein solches Differentialgleichungssystem näherungsweise gelöst werden. Für diese näherungsweise (numerische) Lösung existieren verschiedene Verfahren (Residuen-Methoden), wobei allen Verfahren gemeinsam ist, dass der numerische Fehler möglichst klein sein soll.

Das am häufigsten verwendete Verfahren zur Lösung einer solchen Differentialgleichung ist das Verfahren der „virtuellen Verrückung“. Dieses Prinzip besagt, dass, befindet sich ein Körper im Gleichgewicht, der Zustand der Belastungen (äußere Kräfte) gleich dem Spannungszustand im Inneren (innere Kraft) ist.

Wenn auf einem Körper, der sich im Gleichgewicht befindet, eine infinitesimale kleine gedachte und beliebige, aber kinematisch zulässige Verrückung δu angreift, dann leistet eine Kraft F eine virtuelle äußere Arbeit. Ist der Körper tatsächlich im Gleichgewicht, so ist diese äußere virtuelle Arbeit gleich der inneren virtuellen Arbeit, die sich aus dem Produkt der virtuellen Dehnung $\delta\varepsilon$ multipliziert mit der Spannung σ ergibt.

Die äußere virtuelle Arbeit ist definiert als:

$$\delta W_a = \int_V \delta \underline{u}^T \cdot \underline{p}\, dV + \int_0 \delta \underline{u}^T \cdot \underline{q}\, dO, \qquad \text{Gl. 8.4}$$

die innere virtuelle Arbeit als:

$$\delta W_i = \int_V \delta \underline{\varepsilon}^T \cdot \underline{\sigma}\, dV. \qquad \text{Gl. 8.5}$$

Bei dem Prinzip der virtuellen Verrückung gilt das Gleichgewicht zwischen innerer und äußerer virtueller Arbeit und somit:

$$\int_V \delta \underline{\varepsilon}^T \cdot \underline{\sigma}\, dV = \int_V \delta \underline{u}^T \cdot \underline{p}\, dV + \int_0 \delta \underline{u}^T \cdot \underline{q}\, dO. \qquad \text{Gl. 8.6}$$

Durch Einsetzen der Gleichung 8.2 ergibt sich:

$$\int_V \delta \underline{u}^T \cdot \underline{D}^T \cdot \underline{E} \cdot \underline{D} \cdot \underline{u} dV = \int_V \delta \underline{u}^T \cdot \underline{p}\, dV + \int_0 \delta \underline{u}^T \cdot \underline{q}\, dO. \qquad \text{Gl. 8.7}$$

Diese Formel gilt exakt für den ganzen Körper; eine Näherung wurde noch nicht eingebracht. Wird allerdings eine Diskretisierung, wie sie in der FEM vorgenommen wird, betrachtet, kann die obige Gleichung nur noch näherungsweise gelöst werden. Dazu versucht man die Gleichung durch eine kontinuierliche Lösungsfunktion u anzunähern. Dies geschieht dadurch, dass für jedes Finite Element ein Verschiebungsverlauf angenommen wird (linear, quadratisch usw.). Dieser wird elementweise mittels der sogenannten Ansatzfunktionen beschrieben.

An einem einfachen Zugstab kann die Verwendung der Ansatzfunktion erläutert und auf 2D- und 3D-Fälle erweitert werden. Für die lineare Ansatzfunktion einer Verschiebung gilt:

$$u(x) = a_0 + a_1 \cdot x \,. \qquad \text{Gl. 8.8}$$

Die Parameter a_0 und a_1 können durch Einsetzen der entsprechenden Randbedingungen ermittelt werden:

$$u(x=0) = u_1 \text{ und } u(x=L) = u_2 \,. \qquad \text{Gl. 8.9}$$

Daraus folgt:

$$a_0 = u_1 \text{ und } a_1 = \frac{u_2 - u_1}{L} \,. \qquad \text{Gl. 8.10}$$

Somit ergibt sich:

$$u(x) = u_1 + \frac{u_2 - u_1}{L} \cdot x$$

$$\Leftrightarrow u(x) = \left(1 - \frac{x}{L}\right) \cdot u_1 + \left(\frac{x}{L}\right) \cdot u_2 \qquad \text{Gl. 8.11}$$

$$\Leftrightarrow u(x) = N_1(x) \cdot u_1 + N_2(x) \cdot u_2 \,,$$

wobei $N_1(x)$ und $N_2(x)$ lineare Ansatzfunktionen sind.

In Matrizenschreibweise lässt sich Gleichung 8.11 auch schreiben als:

$$\underline{u}(x) = \left[N_1(x)\, N_2(x)\right] \cdot \begin{Bmatrix} u_1 \\ u_2 \end{Bmatrix} = \underline{N}(x)\, \underline{u} \,. \qquad \text{Gl. 8.12}$$

In der Gleichgewichtsbeziehung werden nun die kontinuierlichen realen und virtuellen Verschiebungen durch die diskreten Ausdrücke ersetzt. $\underline{u}(x) = \underline{N}(x) \cdot \underline{u}$ und $\delta\underline{u}^T(x) = \delta\underline{u}^T \cdot \underline{N}^T(x)$ eingesetzt in Gleichung 8.12 ergibt:

$$\int_V \delta\underline{u}^T \cdot \underline{N}^T(x) \cdot \underline{D}^T \cdot \underline{E} \cdot \underline{D} \cdot \underline{u}\, dV = \int_V \delta\underline{u}^T \cdot \underline{N}^T(x) \cdot \underline{p}\, dV + \int_0 \delta\underline{u}^T \cdot \underline{N}^T(x) \cdot \underline{q}\, dO \,. \qquad \text{Gl. 8.13}$$

Durch Vorklammern und Kürzen des Vektors der virtuellen Verschiebung erhält man:

$$\underbrace{\int_V \underline{N}^T(x) \cdot \underline{D}^T \cdot \underline{E} \cdot \underline{D} \cdot \underline{u}\, dV}_{\text{Steifigkeitsmatrix } K} = \underbrace{\int_V \underline{N}^T(x) \cdot \underline{p}\, dV + \int_0 \underline{N}^T(x) \cdot \underline{q}\, dO}_{\text{Lastvektor (ohne Punktlasten)}}$$

$$\Leftrightarrow \underline{\underline{k}} \cdot \underline{u} = \underline{F} \,. \qquad \text{Gl. 8.14}$$

Da sich die ergebenden zu integrierenden Funktionen (Steifigkeitsmatrix und Kraftvektor) meist nicht mehr geschlossen analytisch lösen lassen, bedient man sich eines numerischen Integrationsverfahrens.

Dieses Verfahren ist in den in StrukExm integrierten FE-Solver implementiert worden. Mit Hilfe dieses FE-Solvers kann das resultierende Gleichungssystem 8.14 nach dem Vektor der Knotenverschiebungen aufgelöst werden. Die Knotenverschiebungen sind die Stützstellen für das Verschiebungsfeld, der Verlauf der Verschiebungen innerhalb des Elements ist durch die verwendete Formfunktion 8.12 festgelegt. Durch die Anwendung des Differentialoperators auf den Vektor der Verschiebungen ergeben sich die Verzerrungen (vgl. Gleichung 8.2). Aus den Verzerrungen wiederum kann mittels des Materialgesetzes der Spannungsverlauf gemäß Gleichung 8.3 ermittelt werden. Da die Spannungen bereits abgeleitete Größen des Verschiebungsfeldes waren und sich die Spannungen nun wiederum aus den Verzerrungen ergeben, folgen also auch die Spannungen letztlich aus der Ableitung der Verschiebungen.

Mit Hilfe der oben vorgestellten Gleichungen ist ein FE-Solver in das Programm StrukExm integriert worden, der sich dazu eignet, die Verlagerungsanalysen von Koppelstellen und Gestellbauteilen, wie sie in den nachstehenden beiden Kapiteln beschrieben werden, zu berechnen.

8.2 Verlagerungsanalyse von Koppelstellen

Deformation analysis of joints

Unter einer Schwachstellenanalyse von Koppelstellen wird in diesem Unterkapitel ausschließlich eine Verlagerungsanalyse verstanden, da Koppelstellen im Regelfall Zukaufteile sind. Die interaktive Analyse hilft abzuschätzen, welchen Nutzen ein stärker dimensioniertes Maschinenelement mit sich bringen würde, unter Berücksichtigung der damit häufig verbundenen Mehrkosten. Von Bedeutung ist dabei lediglich die Relation, in der der Verlagerungsanteil einer Koppelstelle zu dem der anderen Maschinenbauteilen steht. So wird eine Priorisierung der Optimierung ermöglicht. Daneben erlaubt die interaktive Analyse auch, die Auswirkungen eines einfachen Austausches der Steifigkeitswerte eines Maschinenelementes auf die relative Verlagerung im eingebauten Zustand zu untersuchen.

Mit Hilfe dieser Ergebnisse ist es dem Anwender möglich, auf einfache Weise konstruktive Schwachstellen im Bereich der Maschinenelemente zu identifizieren und mögliche Verbesserungsmaßnahmen zu erarbeiten. Durch die kurze Rechenzeit dieses Verfahrens ist eine schnelle Abschätzung der Wirksamkeit von Verbesserungsmaßnahmen einfach und wirtschaftlich möglich.

Die Verlagerungsanalyse von Koppelstellen ist in das Programm StrukExm integriert worden. Bei Aufruf dieser Option werden die in Bild 8-1 dargestellten Abläufe der Reihe nach abgearbeitet. Die Funktion dieser Arbeitsschritte wird im Weiteren am Beispiel der Chiron FZ 12 erläutert.

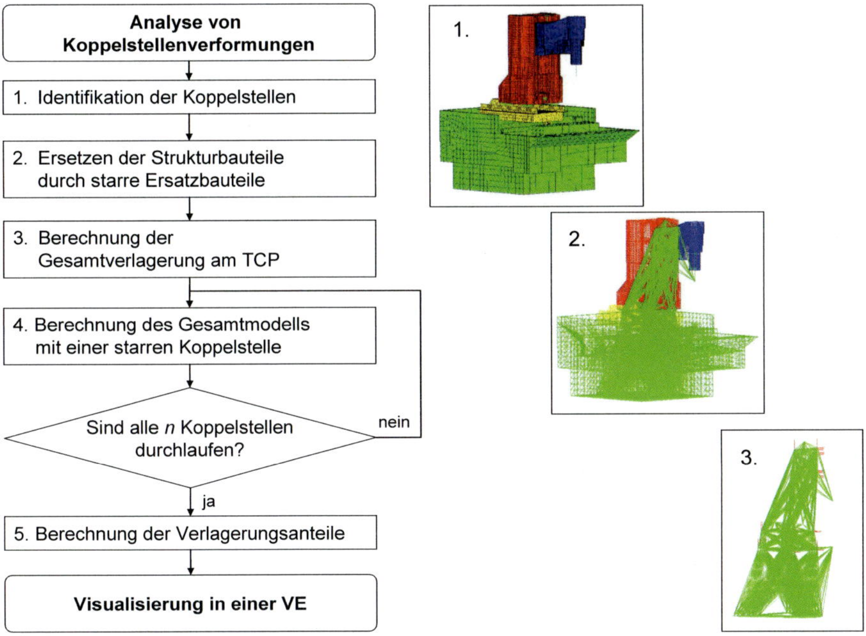

Bild 8-1: Ablauf einer Koppelstellenanalyse
Flow control of deformation analysis of joints

1. Identifikation der Koppelstellen

Als Koppelstellen sollen sämtliche Verbindungselemente zwischen Gestellbauteilen definiert sein, die in einem FE-Modell mit Federelementen beschrieben werden. In Kapitel 4.4.1 wurde bereits ausführlich dargelegt, wie mit Hilfe des Programms StrukExm sämtliche Koppelstellen identifiziert und den entsprechenden Bauelementen, wie etwa Führungen und Antrieben, zugewiesen werden.

2. Ersetzen der Strukturbauteile durch starre Ersatzbauteile

In einem nächsten Schritt werden nun alle Strukturbauteile durch starre Ersatzbauteile ersetzt. Dazu werden zunächst alle Knoten eines Gestellbauteils, an dem Koppelstellenelemente vorhanden sind, ausgelesen. Danach wird aus dieser Knotenliste des Gestellbauteils jeder Knoten mit jedem anderen Knoten durch ein Stabelement verbunden, das ideal steif ist.

In Bild 8.2 im unteren Teil ist dieses Verfahren für das vereinfachte 2D-Ersatzbild dargestellt. Im oberen Teil des Bildes ist dieses Verfahren auf das 3D-FE-Modell der Chiron FZ 12 angewendet worden. Die Maschinenbauteile sind im Drahtgittermodus abgebildet und mit den Stabelementen überlagert, ganz rechts sind nur sämtliche Stabelemente ohne Geometrie dargestellt. Die Unübersichtlichkeit des Modells liegt darin begründet, dass jede Koppelstelle nicht nur durch ein Federelement abgebildet wird, sondern häufig durch mehrere Feder- und Stabelemente, wie in Kapitel 4.4.1 schon ausführlich beschrieben wurde. Diejenigen Stabelemente, die für den Aufbau des Ersatzmodells benötigt werden, verbinden folglich sämtliche Knoten eines Koppelstellenrepräsentanten sowohl untereinander als auch mit denen der anderen Koppelstellen.

Als Aufstellbedingung wird häufig eine Reihe Knoten ausgewählt, an denen die Maschine mit dem Untergrund verbunden ist. Für die Erzeugung eines Ersatzmodells werden diese Knoten untereinander und mit den Knoten der Koppelstellenrepräsentanten verbunden.

In dem so erzeugten FE-Ersatzmodell sind nun sämtliche Gestellbauteile durch Starrkörper ersetzt worden. Lediglich die Koppelstellensteifigkeiten werden weiterhin durch Federelemente beschrieben.

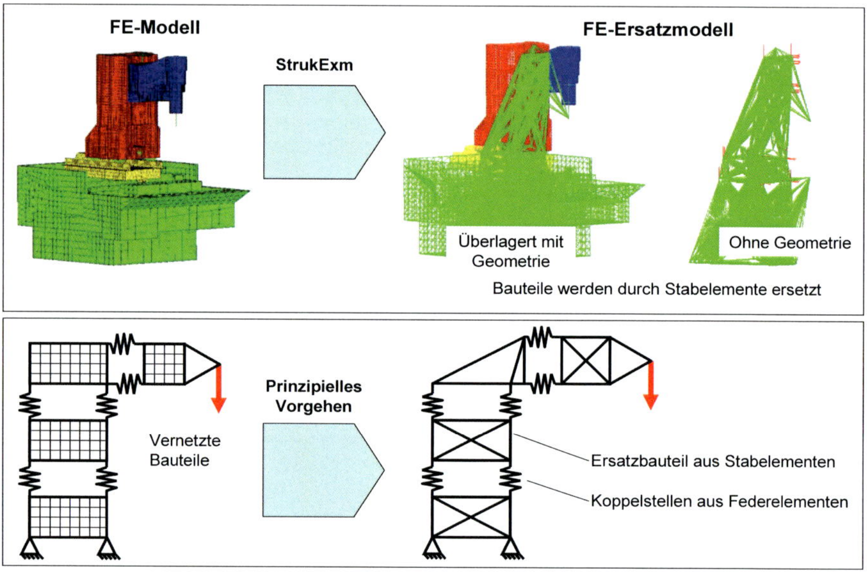

Bild 8-2: Ableitung der Stabelemente aus Gestellbauteilen
Creating beam elements from structure parts

3. Berechnung der Gesamtverlagerung am TCP

Mit Hilfe des automatisiert erzeugten FE-Ersatzmodells der Werkzeugmaschine und des in Kapitel 8.1 vorgestellten FE-Solvers kann nun die Verlagerung am TCP berechnet werden, die sich infolge einer aufgebrachten Kraft einstellt. Selbst auf einem handelsüblichen PC lässt sich die Gesamtverlagerung des vereinfachten FE-Modells ohne signifikante Rechenzeiten ermitteln.

4. Berechnung des Gesamtmodells mit einer starren Koppelstelle

Im nächsten Schritt können nun die Verlagerungen der einzelnen Koppelstellen berechnet werden. Dazu wird das Gleichungssystems Gl. 8.12 mit ausgetauschten Parametern wiederholt gelöst.

Wird beispielsweise der Antrieb zwischen zwei Gestellbauteilen untersucht, so werden zur Berechnung der Gesamtverlagerung nur die Steifigkeitswerte für das Federelement, das die Antriebssteifigkeit repräsentiert, gegen einen unendlich hohen Wert ausgetauscht. Die Lösung des Gleichungssystems beschreibt die Verlagerung des FE-Ersatzmodells, die sich ergibt, wenn sämtliche Koppelstellen mit Ausnahme der betrachteten – in diesem Fall die des Antriebs – einbezogen werden. Wird der ermittelte Wert von der Gesamtverlagerung des ursprünglichen Ersatzmodells, wie es im 3. Punkt beschrieben wurde, subtrahiert, so erhält man den Anteil der betrachteten Koppelstelle an der Gesamtverlagerung. Bild 8-3 verdeutlicht dieses Vorgehen schematisch.

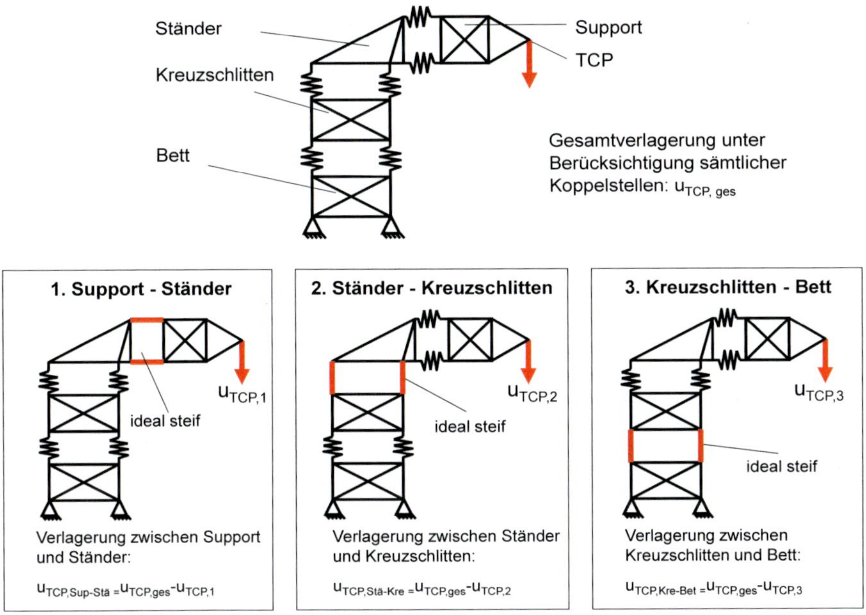

Bild 8-3: Berechnung der Verlagerungsanteile sämtlicher Koppelstellen
Deformation calculation of total joints

5. Berechnung der Verlagerungsanteile

Das in Punkt 4 beschriebene Verfahren wird für alle Lastfälle in X-, Y-, und Z-Richtung so oft wiederholt, bis sämtliche Verlagerungsanteile von Maschinenbauteilen berechnet worden sind. Für das hier untersuchte Modell der Chiron FZ 12, das aus den vier Strukturbauteilen Maschinenbett, Kreuzschlitten, Ständer und Support besteht, sind also folglich 21 FE-Berechnungen nötig. Für den jeweiligen Lastfall sind dabei zu berücksichtigen:

- der Gesamtverlagerungsanteil am TCP für das komplette Ersatzmodell
- dreimal der Verlagerungsanteil der drei Antriebe zwischen den Strukturbauteilen
- dreimal der Verlagerungsanteil der drei Führungspaarungen zwischen den Strukturbauteilen

Trotz der relativ hohen Anzahl an unterschiedlichen Berechnungen können diese in wenigen Sekunden durchgeführt werden, da die Menge der Elemente des jeweiligen Ersatzmodells im Verhältnis zu einem vollständigen FE-Modell sehr gering ist.

Diese Berechnungen lassen sich durch die integrierte Kinematik an jeder beliebigen Verfahrposition des TCP im Arbeitsraum durchführen. Da die Berechnung innerhalb des Programms StrukExm erfolgt, ist eine bidirektionale Anbindung an ViSTA als Programm für die Generierung der Virtuellen Welt geschaffen worden, die es auch erlaubt, eine solche Verformungsanalyse in einer VE auszuführen.

8.3 Verlagerungsanalyse von Gestellbauteilen

Deformation analysis of structure parts

Neben der Analyse der Koppelstellen wird die Gesamtsteifigkeit einer Werkzeugmaschine auch durch die Steifigkeit der einzelnen Strukturbauteile bestimmt. Zur umfassenden Bewertung der Schwachstellen ist somit die detaillierte Kenntnis der Verformungsanteile der Strukturbauteile zwingend erforderlich.

Im Rahmen der Programmentwicklung wurde in StrukExm neben der Möglichkeit zur Bestimmung der Koppelstellenverformungen (s. Kapitel 8.2) auch eine Berechnungsroutine zur vollautomatischen Simulation der Verformungsanteile der Strukturbauteile implementiert. Nachfolgend wird das Vorgehen für diese Berechnungen erläutert.

Basis der Berechnungen ist das vereinfachte FE-Ersatzmodell, wie es bereits in Kapitel 8.2 in Punkt 2 dargestellt wurde. Standardmäßig wird vor einer Berechnung der Verformungsanteile der Strukturbauteile eine Bestimmung der Koppelstellenverformungen durchgeführt, da auf diese Ergebnisse für die Strukturverformungsberechnung zurückgegriffen wird. Prinzipiell können alle Informationen über das vereinfachte FE-Modell genutzt werden, wie z. B. die Positionen und Steifigkeitskennwerte der Koppelstellenelemente.

Im Unterschied zu der vorangegangenen FE-Berechnung werden die Strukturbauteile nun nicht als starr angenommen. Die einzelnen Berechnungsschritte, die nachfolgend beschrieben werden, erfolgen mit Hilfe des in Kapitel 8.1 vorgestellten FE-Solvers, der in StrukExm integriert ist und auch zur Bestimmung der Koppelstellenverformungen verwendet wurde.

Im Gegensatz zur Verlagerungsanalyse von Koppelstellen, bei der lediglich ein FE-Datensatz mit definierten Koppelstellensteifigkeiten vorliegen muss, wird für die Verlagerungsanalyse von Gestellbauteilen ein FE-Ergebnisdatensatz benötigt, in dem die Verlagerungen und Reaktionskräfte berechnet worden sind.

Um auf der Grundlage eines solchen FE-Ergebnisdatensatzes die anteiligen Verlagerungen der Gestellbauteile berechnen zu können, sind die in Bild 8-4 dargestellten, im weiteren Verlauf näher erläuterten Schritte notwendig.

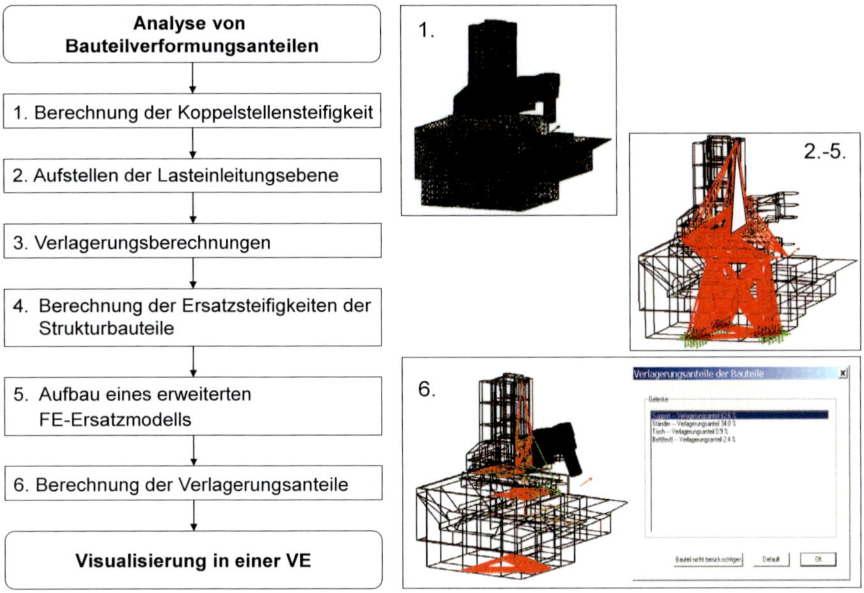

Bild 8-4: Vorgehensweise bei der Verlagerungsanalyse von Gestellbauteilen
Flow control of deformation analysis of structure parts

1. Berechnung der Koppelstellensteifigkeit

Entsprechend dem oben aufgezeigten Vorgehen wird zunächst die Koppelstellensteifigkeit berechnet. Bild 8-5 zeigt eine Koppelstelle in Form eines Federelements zwischen zwei vernetzten Gestellbauteilen sowie deren lokale Verlagerungen.

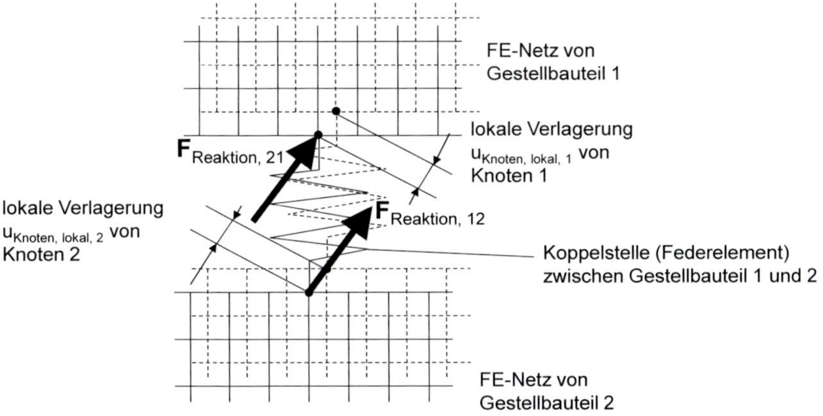

Bild 8-5: Berechnung der Steifigkeit zwischen Koppelstelle und Gestellbauteil
Stiffness calculation between joint and structure part

Die Koppelstellensteifigkeit jedes Verbindungsknotens zwischen Koppelstelle und Gestellbauteil wird zunächst wie folgt berechnet:

$$\underline{F}_{Reaktion,21} = \underline{\underline{k}}_{Koppelstelle,Bauteil1} \; \underline{u}_{Knoten,lokal,1}, \qquad \text{Gl. 8.15}$$

wobei $\underline{F}_{Reaktion,21}$ der Vektor der Reaktionskraft von Bauteil 2 auf Bauteil 1 und $\underline{u}_{Knoten,lokal,1}$ der Verlagerungsvektor des lokalen Knotens des Bauteils 1 ist. Die Größen werden dem FE-Ergebnisdatensatz entnommen.

Durch dieses Vorgehen können nun sämtliche Koppelstellensteifigkeiten eines Gestellbauteils ermittelt werden.

2. Aufstellen der Lasteinleitungsebene

Die geometrische Lage von Koppelstellen zwischen zwei Gestellbauteilen ist häufig sehr unterschiedlich, jedoch durch das FE-Modell vorgegeben. Somit können, falls mehr als zwei Koppelstellen zwischen einem Gestellbauteil vorliegen, die größten Distanzen zwischen zwei Koppelstellen ermittelt werden. Auf Grundlage dieser Kenntnis kann nun ein Dreieck mit einer größtmöglichen Ausdehnung erzeugt werden, das die Ausgleichsebene zwischen zwei Gestellbauteilen repräsentiert. Dieses Dreieck wird aus ideal steifen Stabelementen aufgebaut, was für die spätere Erzeugung eines erweiterten FE-Ersatzmodells erforderlich ist.

3. Verlagerungsberechnungen

Sind sämtliche Reaktionskräfte in den Koppelstellen sowie deren lokale Verlagerungen bekannt, kann mit Hilfe von Gleichung 8.11 die Verlagerung einer jeden Lasteinleitungsebene berechnet werden. Dabei lässt sich nicht nur die translatorische, sondern auch die rotatorische Verlagerung der Lasteinleitungsebene ermitteln.

4. Berechnung der Ersatzsteifigkeiten der Strukturbauteile

Mit Hilfe dieser Verlagerungsberechnungen der Lasteinleitungsebenen und der wirkenden Koppelstellenbelastungen können nun für alle einzelnen Strukturbauteile anteilige Ersatzsteifigkeiten berechnet werden.

5. Aufbau eines erweiterten FE-Ersatzmodells

Ähnlich wie bei der Berechnung der Verlagerungsanalyse von Koppelstellen lässt sich nun auch ein FE-Ersatzmodell aufbauen, wie in Bild 8-6 abgebildet wird.

Zur Erzeugung eines FE-Ersatzmodells von Gestellbauteilen greift man auf die im Punkt 2 beschriebenen Lasteinleitungsebenen, also auf Dreiecke aus ideal steifen Stabelementen, zurück. Diese Ebenen werden mit neu generierten räumlichen Federelementen verbunden, die das gesamte Strukturbauteil darstellen. Diesen Federelementen werden die im Punkt 4 beschriebenen Ersatzsteifigkeiten zugewiesen.

In dem FE-Ersatzmodell werden jedoch auch die Koppelstellensteifigkeiten berücksichtigt. Dort, wo mehr als drei Koppelelemente zwischen zwei Gestellbauteilen liegen, etwa bei der Chiron FZ 12, bedient man sich wieder der Methode der Vernetzung sämtlicher Koppelstellen mit sämtlichen Knoten der Ausgleichsebene durch ideal steife Stabelemente.

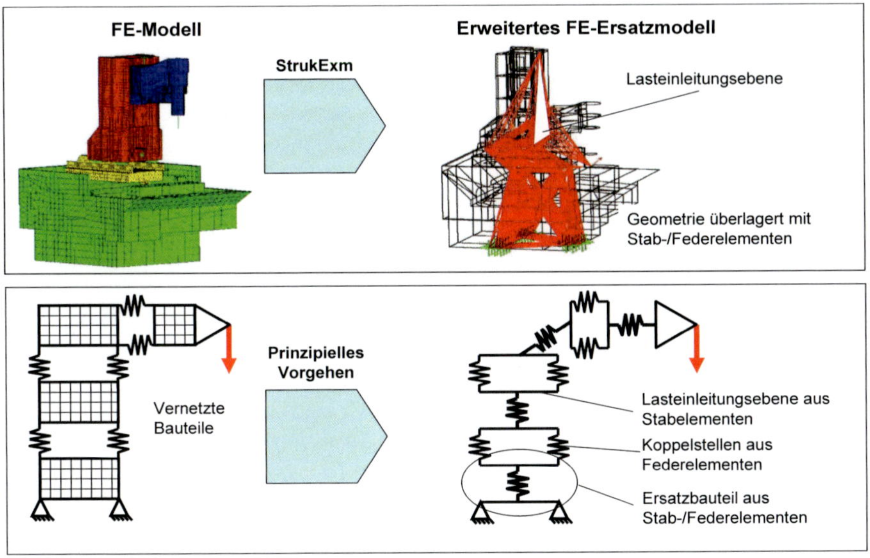

Bild 8-6: Ableitung eines vereinfachten Rechenmodells für Gestellbauteile
Deduction of simplified calculation models for structure parts

Das oben beschriebene Verfahren kann aus dem Programm StrukExm heraus vollautomatisch angewendet werden. So lässt sich ein erweitertes FE-Ersatzmodell erzeugen, das sämtliche Koppelstellen, Aufstellelemente und Gestellbauteile berücksichtigt. Dieses FE-Ersatzmodell ist ursachenbedingt zwar aufwendiger als das beschriebene Ersatzmodell zur Verlagerungsanalyse nur von Koppelstellen, kann aber ebenfalls mit einer kurzen Rechenzeit die Verlagerungsergebnisse liefern.

6. Berechnung der Verlagerungsanteile

Zur Verlagerungsanalyse von Gestellbauteilen bedient man sich eines Verfahrens, das dem in Kapitel 8.2 vorgestellten ähnelt.

Zunächst wird die Gesamtverlagerung des TCP mit Hilfe des erweiterten FE-Ersatzmodells berechnet. Anschließend wird die jeweils betrachtete Komponente (Gestellbauteil oder aber auch Koppelstelle) ideal steif gesetzt (den jeweiligen Federsteifigkeiten wird ein unendlich hoher Wert zugewiesen) und wiederum die Verlagerung des TCP am Gesamtmodell berechnet. Die anteilige Verlagerung ist die Subtraktion dieser Berechnung von der Verlagerung des TCP unter Berücksichtigung aller Komponenten.

Somit kann in einem Bearbeitungsschritt sogar nicht nur eine Verlagerungsanalyse von Gestellbauteilen, sondern auch von Koppelstellen vorgenommen werden.

Diese Verlagerungsanalyse von Koppelstellen und Gestellbauteilen kann im Gegensatz zur Verlagerungsanalyse ausschließlich von Koppelstellen nicht an beliebigen Positionen im Raum und damit auf Grundlage nur eines FE-Ergebnisdatensatzes berechnet werden. Grund hierfür ist die mangelnde Kenntnis der Steifigkeiten der Gestellbauteile, die aus den Reaktionskräften und den lokalen Verlagerungen der Koppelstellenknoten berechnet werden müssen. Sind im Vorfeld allerdings FE-Ergebnisdaten an unterschiedlichen Verfahrpositionen berechnet worden, so lässt sich die Verlagerungsanalyse von Gestellbauteilen und Koppelstellen an jedem einzelnen dieser Ergebnisdatensätze durchführen.

Wie bei der Verlagerungsanalyse von Koppelstellen ist auch die Verlagerungsanalyse von Koppelstellen und Gestellbauteilen in StrukExm integriert und kann ebenso über eine integrierte bidirektionale Schnittstelle aus einer VE bedient werden.

8.4 Schwachstellenanalyse mit beliebiger Kraftangriffsrichtung

Weak point analysis with any force direction

Bisher sind Verfahren vorgestellt worden, die eine Verlagerungsanalyse von Koppelstellen und von Gestellbauteilen mit einem zuvor berechneten Belastungsfall ermöglichen. Soll eine Schwachstellenanalyse mit beliebiger Kraftangriffsrichtung durchgeführt werden, so müssen mindestens drei nicht kolineare Belastungsfälle an einer Verfahrposition vorliegen, um aus diesen Daten den benötigten Datensatz für die Schwachstellenanalyse zu interpolieren. Das Verfahren hierzu wird im Folgenden beschrieben.

Der Anwender kann interaktiv einem Belastungsvektor am TCP eine beliebige räumliche Ausrichtung geben und erhält einen entsprechend überlagerten neuen Ergebnisdatensatz. Dabei muss es sich nicht zwingend um Verlagerungsergebnisse handeln, wie sie im Rahmen dieser Arbeit im Vordergrund stehen, sondern prinzipiell könnten auch andere Ergebnisdaten, wie z. B. Spannungsergebnisse, auf diese Weise berechnet werden, weshalb die Terminologie von „Verlagerungsanalyse“ zu „Schwachstellenanalyse“ erweitert werden muss.

Zunächst ist jedoch sicherzustellen, dass an einer Verfahrposition drei Belastungsfälle, d. h. Basisvektoren, am TCP einen dreidimensionalen Raum R^3 aufspannen. Ein frei wählbarer Lastfall muss sich also aus einer Linearkombination der drei Basisvektoren beschreiben lassen. Sind die drei Basisvektoren nicht orthogonal angeordnet, so müssen diese zunächst in ein einheitliches karthesisches Koordinatensystem überführt werden. In diesem Koordinatensystem wird ein frei wählbarer Kraftangriffsvektor am TCP durch:

$$\underline{R}_S = (a \quad b \quad c)^T \qquad \text{Gl. 8.16}$$

beschrieben und kann in einem nächsten Schritt mit einer entsprechenden Linearkombination der drei Basisvektoren verrechnet werden.

Handelt es sich um Spannungsergebnisse, so kann in einer Schwachstellenanalyse die überlagerte Hauptspannung wie folgt berechnet werden:

$$\sigma_S = a\,\sigma_x + b\,\sigma_y + c\,\sigma_z\,, \qquad \text{Gl. 8.17}$$

wobei es sich bei σ_x, σ_y und σ_z um die Hauptspannungsergebnisse an jedem Knoten des FE-Netzes handelt, die infolge einer Kraft in den Richtungen X, Y bzw. Z berechnet worden sind.

Zur Ermittlung der Gesamtverlagerungen müssen die räumlichen Verlagerungen an jedem einzelnen Knoten bestimmt werden. Die räumliche Verlagerung an jedem beliebigen Knoten ergibt sich aus:

$$\underline{u}_N = \underline{\underline{u}}\, \underline{R}_S = \begin{bmatrix} u_{xx} & u_{xy} & u_{xz} \\ u_{yx} & u_{yy} & u_{yz} \\ u_{zx} & u_{zy} & u_{zz} \end{bmatrix} \begin{pmatrix} a \\ b \\ c \end{pmatrix}. \qquad \text{Gl. 8.18}$$

Der Verlagerungswert u_{ij} beschreibt die Verlagerung in Richtung *j* auf Grund einer am TCP angreifenden Kraft aus Richtung *i*.

Diese Operation muss knotenweise auf das gesamte FE-Modell angewendet werden. So entsteht eine möglichst an die ursprünglichen Simulationsdaten angelehnte Schätzung der Lastreaktion für den gewählten Kraftvektor.

Dadurch dass dieses Verfahren nicht nur in dem Programm StrukExm integriert wurde, sondern von dort aus auch über eine bidirektionale Schnittstelle in einer VE bedienbar ist, kann nun der Anwender mit seiner Hand die Richtung des Kraftangriffsvektors am TCP frei im Raum wählen und die oben beschriebene Berechnung anstoßen. Für die Visualisierung in einer VE ist jedoch auch zu berücksichtigen, dass der neu gewonnene Ergebnisdatensatz wieder gemäß den in Kapitel 5.4 beschriebenen Verfahren für die flüssige Visualisierung reduziert werden muss.

Die oben gewonnenen Erkenntnisse lassen sich mit den in Kapitel 8.2 und Kapitel 8.3 dargestellten Ergebnissen kombinieren. Es ist nun also nicht nur möglich, Verlagerungsanalysen von Koppelstellen an beliebigen Verfahrpositionen sowie Verlagerungsanalysen von Koppelstellen und Gestellbauteilen an zuvor berechneten Verfahrpositionen mit einem gegebenen Lastfall zu berechnen, sondern auch diese Verlagerungsanalysen mit beliebigen Kraftangriffsrichtungen vorzunehmen.

8.5 Schwachstellenanalyse an beliebigen Verfahrpositionen

Weak point analysis at any drive positions

Die vollautomatische Schwachstellenanalyse an beliebigen Verfahrpositionen ist wie die in den Unterkapiteln zuvor beschriebenen Verfahren in das Programm StrukExm eingebaut, das über eine bidirektionale Schnittstelle aus einer Virtuellen Umgebung heraus gesteuert werden kann. Der Anwender kann zunächst im Bedienmenü von StrukExm unter den Optionen

- Verlagerungsanalyse von Koppelstellen und
- Verlagerungsanalyse von Gestellbauteilen

wählen (vgl. Kapitel 8.2 und 8.3).

Die Verlagerungsanalyse von Koppelstellen an beliebigen Verfahrpositionen im Arbeitsraum ist auf Grund der hinterlegten Kinematik (vgl. Kapitel 6) ohne einen zuvor berechneten FE-Ergebnisdatensatz möglich. Lediglich ein FE-Modell, in dem die Koppelstellen identifiziert worden sind und die Kinematik abgeleitet ist, ist nötig, um eine Verlagerungsanalyse von Koppelstellen durchzuführen. Der Anwender kann in einer VE das Modell einer Werkzeugmaschine in eine beliebige Verfahrposition bringen. In dieser Position sind die geometrischen Abstände der Lager und Führungen relativ zu den Gestellbauteilen bekannt. Daher kann an dieser Position ohne großen Aufwand das Verfahren zur Verlagerungsanalyse von Koppelstellen gemäß Kapitel 8.2 durchgeführt werden. Auch lässt sich an dieser ausgewählten Position eine beliebige Richtung des Kraftangriffsvektors am TCP vorwählen, der dann für diese Analyse entsprechend Kapitel 8.4 berücksichtigt wird. Die dafür benötigten Berechnungen können ausschließlich mit dem in StrukExm integrierten FE-Solver durchgeführt werden. Ein Ergebnis kann ein Anwender beinahe in Echtzeit in einer VE betrachten und analysieren.

Will ein Anwender mit konventionellen FE-Programmen eine Werkzeugmaschine an verschiedenen Verfahrpositionen auf Schwachstellen hin untersuchen, so ist er bisher darauf angewiesen, händisch zeitintensive Modifikationen eines FE-Modells vorzunehmen, um dieses Modell an unterschiedlichen Verfahrpositionen zu berechnen. Eine große Arbeitserleichterung wäre es, wenn der Anwender sich einen detaillierten Überblick über die Genauigkeit seiner Maschine an sämtlichen, auch ungünstigen Verfahrpositionen des TCP im Arbeitsraum verschaffen könnte. Dies leistet derzeit kein handelsübliches Tool. Zwar ist es dem Anwender anheimgestellt, die Maschine in beliebig vielen Verfahrpositionen zu berechnen, doch nimmt dies sehr viel Zeit in Anspruch und ist zum Auffinden nur einer Schwachstelle häufig zu arbeitsintensiv. Eine Verformungsberechnung einer Werkzeugmaschine in Echtzeit wird auch für ein kondensiertes FE-Modell zukünftig nach dem Stand der Technik [CER05] nicht möglich werden. Abhilfe kann das in diesem Unterkapitel vorgestellte, in StrukExm integrierte vollautomatische Verfahren zur Schwachstellenanalyse an beliebigen Verfahrpositionen verschaffen. Der schematische Ablauf dieses Verfahrens ist in Bild 8-7 dargestellt.

Als Grundlage für die Schwachstellenanalyse an beliebigen Verfahrpositionen für beliebige, vom Benutzer zu wählende Belastungsfälle dienen Simulationsdaten, die bereits im UNV-Format (vgl. Kapitel 4.2) vorliegen müssen.

Aus diesen vorhandenen Berechnungsergebnissen an diskreten Verfahrpositionen einer Werkzeugmaschine wird beim Applikationsstart in StrukExm eine Datenbasis aufgebaut. Die Ergebnisse an einer frei gewählten Position können aus dieser Datenbasis inter- bzw. extrapoliert werden. Die mit den beschriebenen Verfahren der Netzreduktion erzeugten Geometrien, welche an entsprechende Ergebnislisten für alle berechneten Lastfälle gekoppelt werden, bilden hierbei die Basis für die Visualisierung. Für jedes Ergebnis in der Datenbank wird zusätzlich der Kraftvektor sowie die Position des TCP für die Belastung gespeichert.

Mit diesem Pool an FE-Ergebnisdatensätzen, der für schnellen Speicherzugriff während des Verfahrens der Achsen in der VE optimiert wurde, kann die eigentliche Interpolation stattfinden, deren genauer Ablauf nachfolgend beschrieben wird.

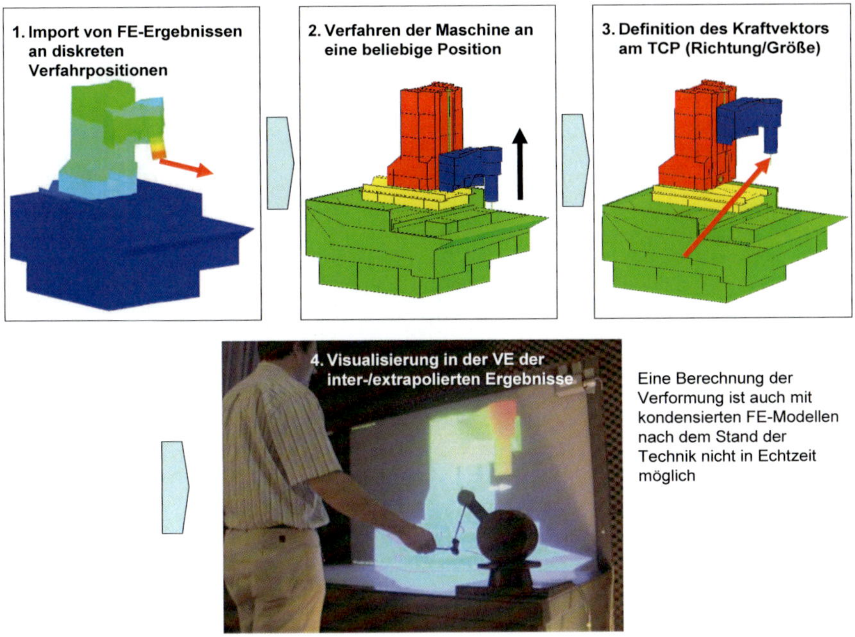

Bild 8-7: Visualisierung der Ergebnisse im Arbeitsraum
Visualisation of results in the work space

In der Datenbank müssen für mindestens vier nicht koplanare Positionen FE-Ergebnisdaten mit mindestens drei nicht kolinearen Lastfällen vorliegen. Für eine frei wählbare Kraftrichtung kann mit dem in Kapitel 8.4 vorgestellten Verfahren ein neuer FE-Ergebnisdatensatz für diesen gewählten Lastfall interpoliert werden. Dieses Verfahren wird auf alle Simulationsergebnisse der verschiedenen Verfahrpositionen angewendet. Ausgehend von der Anzahl verfügbarer Positionen, ergeben sich unterschiedliche Möglichkeiten für das gewählte Interpolationsverfahren. Zur Anwendung kommen hier zwei verschiedene Verfahren der Interpolationen, und zwar die lineare und die baryzentrische Interpolation. Die Grundlagen dieser Verfahren werden in den Kapiteln 8.5.1 und 8.5.2 vorgestellt.

8.5.1 Lineare Interpolation

Linear interpolation

Liegen FE-Ergebnisse für acht verschiedene Verfahrpositionen vor, so kann ein trilineares 3D-Interpolationsverfahren – also ein räumliches lineares Interpolationsverfahren – verwendet werden, um einen beliebigen konstruierten Belastungsfall innerhalb dieses Hexaeders zu berechnen.

Bild 8-8 zeigt am Beispiel der Chiron FZ 12 acht Verfahrpositionen im Arbeitsraum, die zusammen einen Hexaeder aufspannen. An jeder Verfahrposition liegt ein FE-Ergebnis an jedem Konten des Modells vor. Soll nun ein beliebiges Ergebnis innerhalb dieses Hexaeders berechnet werden, so kann eine trilineare 3D-Interpolation auf Grundlage dieser acht Stützstellen, den acht Verfahrpositionen des Hexaeders, durchgeführt werden.

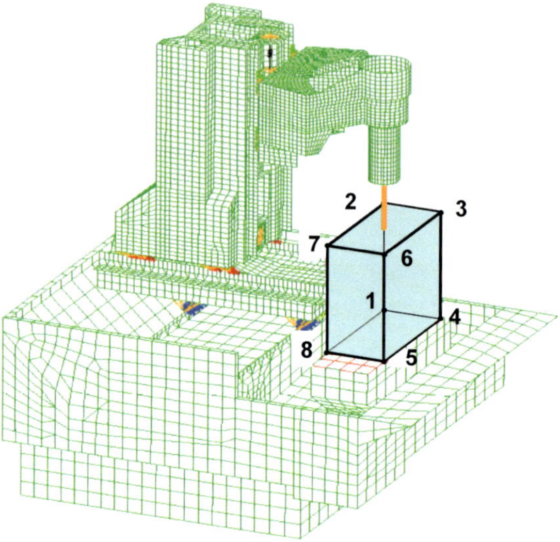

Bild 8-8: Arbeitsraum der Chiron FZ 12 mit acht berechneten Ergebnisdaten
Chiron FZ 12 workspace with eight different positions of result sets

Die formelmäßige Herleitung des trilinearen Interpolationsverfahrens erfolgt über die Kenntnis der bilinearen Interpolation, die im Folgenden kurz nähergebracht werden soll.

8.5.1.1 Bilineare 2D-Interpolation

Bilinear 2D interpolation

Bei der bilinearen 2D-Interpolation müssen vier Ergebnisvektoren $\underline{u}_0$ bis $\underline{u}_3$ in einer Ebene liegen (Bild 8-9). Zur Interpolation des Ergebnisvektors $\underline{u}_4$ muss zunächst zweimal linear interpoliert werden.

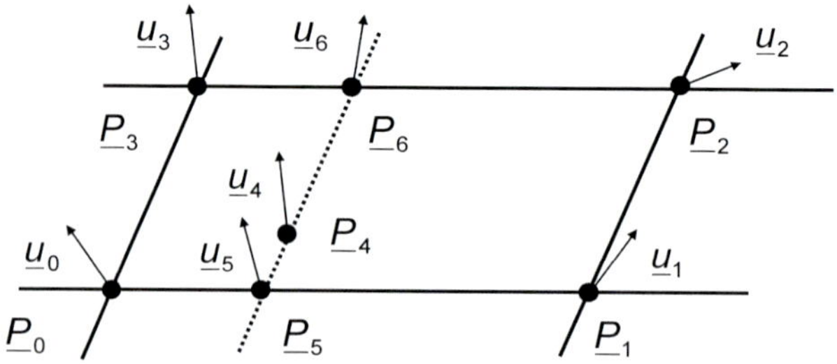

Bild 8-9: Bilineare Interpolation
Bilinear interpolation

Dazu wird zuerst ein Hilfsvektor $\underline{u}_5$, der zwischen den Punkten $\underline{P}_0$ und $\underline{P}_1$ liegt, zu:

$$\underline{u}_5 = \frac{\underline{P}_1 - \underline{P}_5}{\underline{P}_1 - \underline{P}_0}\underline{u}_0 + \frac{\underline{P}_5 - \underline{P}_0}{\underline{P}_1 - \underline{P}_0}\underline{u}_1 \qquad \text{Gl. 8.19}$$

berechnet. Ebenso wird ein Hilfsvektor $\underline{u}_6$ zwischen den Punkten $\underline{P}_2$ und $\underline{P}_3$ ermittelt. Die Interpolation des Ergebnisvektors $\underline{u}_4$ erfolgt nun über eine dritte lineare Interpolation mit den Stützstellen $\underline{P}_5$ und $\underline{P}_6$, wobei durch Einsetzen der berechneten Ergebnisvektoren $\underline{u}_5$ und $\underline{u}_6$ folgende bilineare 2D-Interpolation durchgeführt werden kann:

$$\underline{u}_4 = \frac{\underline{P}_6 - \underline{P}_4}{\underline{P}_6 - \underline{P}_5}\left(\frac{\underline{P}_2 - \underline{P}_6}{\underline{P}_2 - \underline{P}_3}\underline{u}_3 + \frac{\underline{P}_6 - \underline{P}_3}{\underline{P}_2 - \underline{P}_3}\underline{u}_2\right) + \frac{\underline{P}_4 - \underline{P}_5}{\underline{P}_6 - \underline{P}_5}\left(\frac{\underline{P}_1 - \underline{P}_5}{\underline{P}_1 - \underline{P}_0}\underline{u}_0 + \frac{\underline{P}_5 - \underline{P}_0}{\underline{P}_1 - \underline{P}_0}\underline{u}_1\right) \qquad \text{Gl. 8.20}$$

mit $\underline{P}_5 = \begin{pmatrix} x_5 \\ y_5 \end{pmatrix} = \begin{pmatrix} x_4 \\ y_0 \end{pmatrix}$ und $\underline{P}_6 = \begin{pmatrix} x_6 \\ y_6 \end{pmatrix} = \begin{pmatrix} x_4 \\ y_2 \end{pmatrix}$.

8.5.1.2 Trilineare 3D-Interpolation

Trilinear 3D interpolation

Bei einer linearen räumlichen 3D-Interpolation muss insgesamt siebenmal linear interpoliert werden. In Bezug auf Bild 8-10 wird auf den Flächen 1 und 2 jeweils bilinear 2D-interpoliert; die Stützstellen $\underline{P}_{10}$ und $\underline{P}_{13}$ sind somit bekannt. Zwischen diesen wird dann ein weiteres Mal linear interpoliert, so dass der Ergebnisvektor $\underline{u}_{14}$ im Punkt $\underline{P}_{14}$ berechnet werden kann.

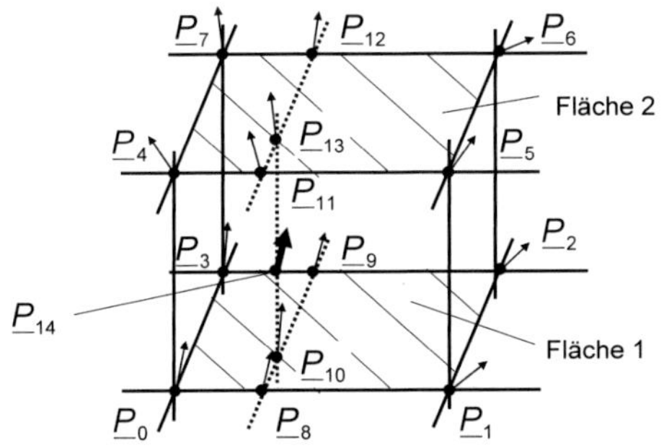

Bild 8-10: Trilineare Interpolation

Trilinear interpolation

Eine trilineare Interpolation ist nur dann eindeutig definiert, wenn die Ergebnisvektoren einen linearen Verlauf des Vektorfeldes aufweisen. Dies trifft bei Werkzeugmaschinen mit seriellem Aufbau für Positionen des TCP innerhalb des Arbeitsraums mit guter Näherung zu. Bei Werkzeugmaschinen mit Parallelkinematik hingegen muss nicht zwingend ein linearer Verlauf der Ergebnisvektoren an verschiedenen Arbeitsraumpositionen vorliegen.

Die trilineare Interpolation ist nur dann sinnvoll, wenn der vom Anwender frei gewählte Belastungsfall innerhalb der acht Stützstellen liegt. Liegt der frei gewählte Belastungsfall außerhalb der Stützstellen, eignet sich eine baryzentrische Interpolation.

8.5.2 Baryzentrische Interpolation

Barycentric interpolation

Wenn die Position, über die interpoliert werden muss, nicht exakt einen Würfel definiert und weniger als acht verschiedene diskrete Ergebnisdaten zur Verfügung stehen, kann mit mindestens vier nicht koplanaren Positionen eine Interpolation mit linearem Verlauf des Vektorfeldes innerhalb des Tetraeders stattfinden. Das angewendete Verfahren nennt sich baryzentrische Interpolation und lässt sich in unveränderter Form ebenfalls zur Extrapolation außerhalb des Tetraeders nutzen. Allerdings wird die Linearität des Verlaufs des Vektorfeldes nur innerhalb des Tetraeders gewährleistet. Falls mehr als vier zuvor berechnete Positionen von FE-Ergebnisdaten im Maschinenarbeitsraum vorliegen, werden durch einen entsprechenden Suchalgorithmus diejenigen vier Positionen ermittelt und für die baryzentrische Interpolation herangezogen, die am nächsten an der vom Anwender frei gewählten Lastangriffsposition liegen.

Nachstehend wird die räumliche 3D-Interpolation formelmäßig hergeleitet [BER04].

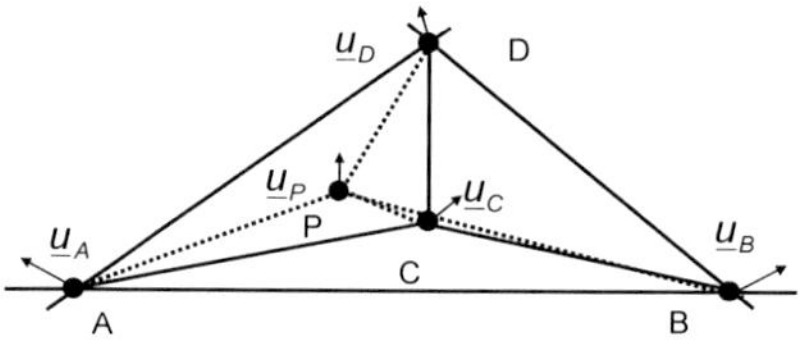

Bild 8-11: Baryzentrische 3D-Interpolation

Barycentric 3D interpolation

Sind vier nicht koplanare Ergebnisvektoren $\underline{u}_A$ bis $\underline{u}_D$ im Raum bekannt, so gilt:

$$\underline{u}_P = \alpha \underline{u}_A + \beta \underline{u}_B + \gamma \underline{u}_c + \delta \underline{u}_D \qquad \text{Gl. 8.21}$$

mit:

$$\alpha = \frac{V(BCDP)}{V(ABCD)},\ \beta = \frac{V(ACDP)}{V(ABCD)},\ \gamma = \frac{V(ABDP)}{V(ABCD)},\ \delta = \frac{V(ABPC)}{V(ABCD)},$$

wobei die Volumina *V* der entsprechenden Tetraeder in Beziehung gebracht werden.

Wenn:

$$\alpha + \beta + \gamma + \delta = 1 \qquad \text{Gl. 8.22}$$

erfüllt ist, dann liegt der Punkt $\underline{P}$ innerhalb des Tetraeders, und wenn:

$$\alpha + \beta + \gamma + \delta > 1 \qquad \text{Gl. 8.23}$$

ist, liegt der Punkt $\underline{P}$ außerhalb.

Der Algorithmus kann so zunächst untersuchen, ob die gewünschte, vom Anwender frei gewählte Position innerhalb oder außerhalb eines Tetraeders liegt. Wurde ein Tetraeder gefunden, wird innerhalb dieses Tetraeders interpoliert. Wenn die frei gewählte Position außerhalb sämtlicher Berechnungsergebnisse liegt, so wird ein Quartett an nächstliegenden, nicht koplanaren Positionen gewählt, um ein möglichst exaktes Extrapolationsergebnis zu erhalten.

Durch die Integration dieser Interpolationsverfahren kann nun der Anwender auf Grundlage von zuvor berechneten FE-Ergebnisdaten an einer beliebigen Verfahrposition des TCP im Arbeitsraum (vgl. Kapitel 6) und nach der Wahl einer Lastangriffsrichtung (vgl. Kapitel 8.4) eine Verlagerungsanalyse von Gestellbauteilen und Koppelstellen durchführen (vgl. Kapitel 7 und 8.3), die ihm eine schnelle Schwachstellenanalyse erlaubt, um somit gezielt und zeitsparend Verbesserungsmaßnahmen einzuleiten.

Auch dieses Verfahren ist in das Programm StrukExm integriert worden. Durch die in Kapitel 5.4 beschriebene Netzreduktion und die bidirektionale Anbindung an ViSTA (vgl. Kapitel 4.6) ist dieses Analyseverfahren nun in einer Virtuellen Umgebung verfügbar. Die daraus entstehenden visuellen Analysemöglichkeiten in einer VE werden im folgenden Unterkapitel näher betrachtet.

8.6 Visuelle und interaktive Verfahren zur Schwachstellenanalyse

Visual and interactive methods for a weak point analysis

Techniken der Virtuellen Realität sind gerade dann besonders sinnvoll, wenn komplexe mehrdimensionale Geometrien überlagert mit vielen Zusatzinformationen schnell und intuitiv erfahrbar gemacht werden sollen.

Die Visualisierung einer Werkzeugmaschine in einer Virtuellen Umgebung stellt an sich noch keinen Mehrwert dar. Denn auch mit herkömmlichen Programmen kann eine 3D-modellierte Maschine auf einem Monitor mit Tastatur und Maus gedreht, gezoomt oder verschoben werden. Sollen jedoch auch noch Interaktionen, etwa das Verfahren des TCP im Arbeitsraum, oder die Darstellung von FE-Ergebnissen ermöglicht werden, sind die Standardhilfsmittel schnell nicht mehr ausreichend. Sollen zusätzlich noch Ergebnisse wie z. B. die der zuvor vorgestellten Schwachstellenanalysen interaktiv erfahrbar gemacht werden, so sind derzeit weder Interaktionsgeräte noch geeignete Programme für diesen Anwendungsbereich auf dem Markt verfügbar. Abhilfe im Rahmen der hier gestellten Anforderungen schafft die Integration der in Kapitel 2 beschriebenen Interaktions- und Visualisierungstechniken einer Virtuellen Umgebung.

So eignet sich etwa für die integrierte Kinematiksimulation eine 6D-Mouse (Kapitel 2.2.2.1), mit der es dem Benutzer möglich ist, den TCP im Arbeitsraum anzufassen und an beliebige Positionen zu verfahren und räumlich zu orientieren. Durch die hinterlegte Kollisionskontrolle (Kapitel 6.2.2) lassen sich dabei die beiden kollidierenden Bauteile hervorheben, und ggf. kann die Verfahrposition der gesamten Werkzeugmaschine eingefroren werden.

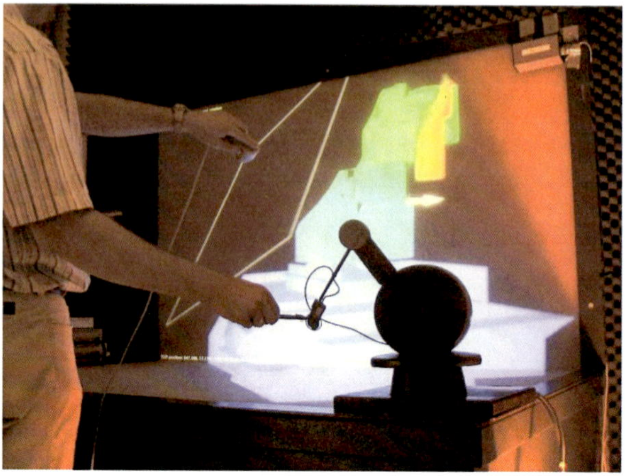

Bild 8-12: Untersuchung der Chiron FZ 12 mit aktivierter Clippingfunktionalität und unter Einsatz des PHANToM

Examination of the Chiron FZ 12 with active clipping and with the usage of a PHANToM

Eine tiefere Immersion bietet eine haptische, kraftrückgekoppelte Kollisionskontrolle, wie sie mit Hilfe eines PHANToM (Kapitel 2.2.2.1) durchgeführt werden kann. Dabei hält der Anwender die Spitze des PHANToM, welche die Spitze des TCP repräsentiert, in der Hand. Bei einer Kollision der Werkzeugmaschine lässt sich die Spitze des PHANToM nicht weiter bewegen, und der Anwender kann die Grenzen des Arbeitsraums abfahren.

Für die interaktive Analyse konstruktiver Schwachstellen wird eine weitere Interaktionsmöglichkeit benötigt: das Orientieren einer räumlichen Kraft am TCP. Dazu wird die Werkzeugmaschine an einer beliebigen Verfahrposition eingefroren. Mit Hilfe der 6D-Mouse kann dann die Orientierung des Kraftvektors an der Spitze des TCP vorgegeben werden.

Neben den oben genannten Interaktionsmöglichkeiten steht in der VE außerdem noch eine sogenannte Clippingfunktionalität zur Verfügung. Ist dieser Modus aktiviert, so kann mit der 6D-Mouse eine virtuelle Schnittebene durch den Raum geführt werden. Die Clippingfunktion schneidet das Modell in der Schnittebene so, dass auf der Seite des Betrachters keine FE-Elemente dargestellt werden. Die Schnittfläche wird automatisch geglättet. FE-Ergebnisse können mit Hilfe von virtuellen Schnittverfahren so auch in verdeckten Bereichen genau untersucht werden (Bild 8-13). Allerdings lässt sich das hier beschriebene Verfahren nur bei Schalenmodellen anwenden. Wird ein Volumenmodell nicht, wie in dieser Arbeit standardmäßig, in ein Schalenmodell überführt, so müssen andere Verfahren zum Einsatz kommen, die in [STR04] beschrieben werden.

Neben den Interaktionsmöglichkeiten spielen auch die in dieser Arbeit beschriebenen Visualisierungstechniken eine entscheidende Rolle für die Erhöhung der Immersion in einer VE. Dabei muss unterschieden werden, ob es sich ausschließlich um die Visualisierung der Geometrie handelt, ob FE-Ergebnisdaten visualisiert werden sollen oder ob die Ergebnisse der interaktiven Analyse konstruktiver Schwachstellen, wie sie in den Kapiteln 8.2–8.5 vorgestellt wurden, visuell erfahrbar gemacht werden sollen.

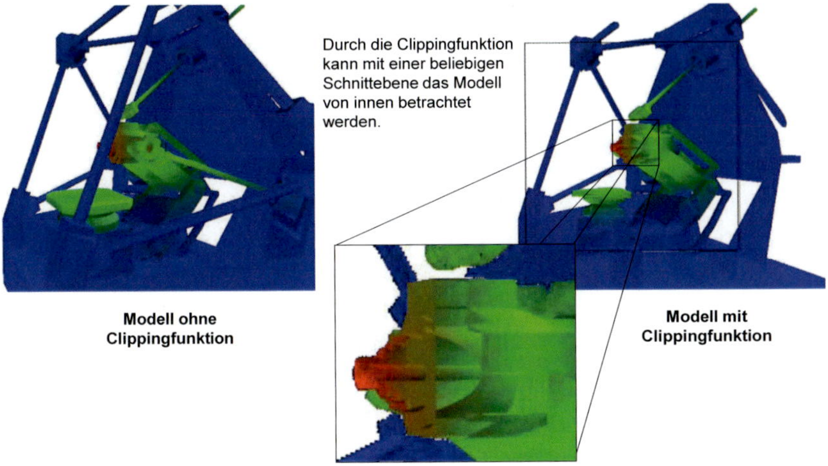

Bild 8-13: Clippingfunktionalität
Clipping functionality

Für die reine Visualisierung einer Werkzeugmaschinengeometrie muss lediglich das FE-Modell entsprechend den in Kapitel 4.3.2 beschriebenen Vorverarbeitungsschritten und den in Kapitel 5.3 dargestellten Netzreduktionsverfahren vereinfacht werden. Diese Schritte werden automatisch durchgeführt, wenn ein Modell geöffnet und in eine VE geladen wird. Danach werden dem Anwender folgende Wahlmöglichkeiten geboten:

- Modell ohne sichtbares FE-Netz
- Modell mit sichtbarem FE-Netz
- Sichtbares FE-Netz

Alle drei Möglichkeiten sind in Bild 8-14 abgebildet.

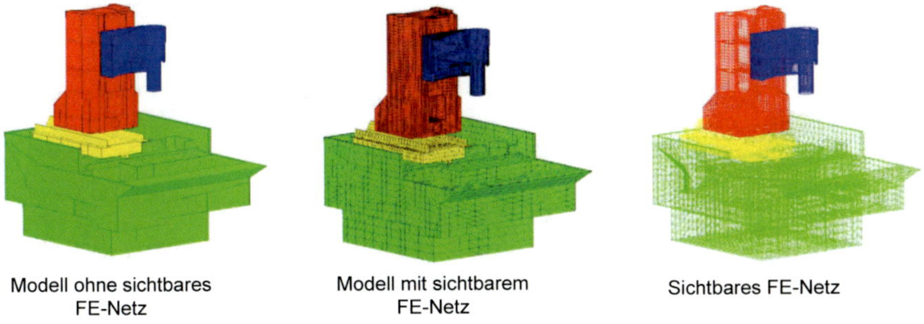

Bild 8-14: Visualisierungsmöglichkeiten der Geometrie
Visualisation possibilities of geometries

Für die Visualisierung von FE-Ergebnisdaten können sämtliche aus einem FE-Programm stammende Knoten herangezogen werden. Eine wesentlich bessere Performance lässt sich allerdings nur unter Anwendung des in Kapitel 5.4 beschriebenen Knotenreduktionsverfahrens für Knoten mit Ergebnisdaten erreichen. Auf Grundlage dieser reduzierten FE-Knotenmenge stehen dann wiederum verschiedene Möglichkeiten für die Visualisierung zur Verfügung.

Zunächst kann der Anwender entscheiden, ob er bei Deformationsberechnungen die Werkzeugmaschine mit überhöht dargestellten Überlagerungen sehen möchte oder nicht. Eine andere Möglichkeit der Visualisierung ist die Darstellung der Deformationsberechnungsergebnisse in Form von Farbverläufen auf der Maschine. Nur für Ergebnisdaten, die Verlagerungsdaten und nicht andere Ergebnisse wie etwa Spannungen enthalten, besteht zusätzlich die Möglichkeit, sowohl die Überlagerungen sichtbar zu machen als auch das Modell entsprechend der Verlagerungen einzufärben. Darüber hinaus kann auch über die farbige Geometrie das reduzierte FE-Netz überlagert eingeblendet werden. Bei der Darstellung einer verformten Werkzeugmaschine lässt sich zudem das unverformte Modell z. B. in Form eines Drahtgittermodells projizieren. Für eine bessere Veranschaulichung ist stets am TCP der Vektor der beaufschlagten Kraft eingeblendet.

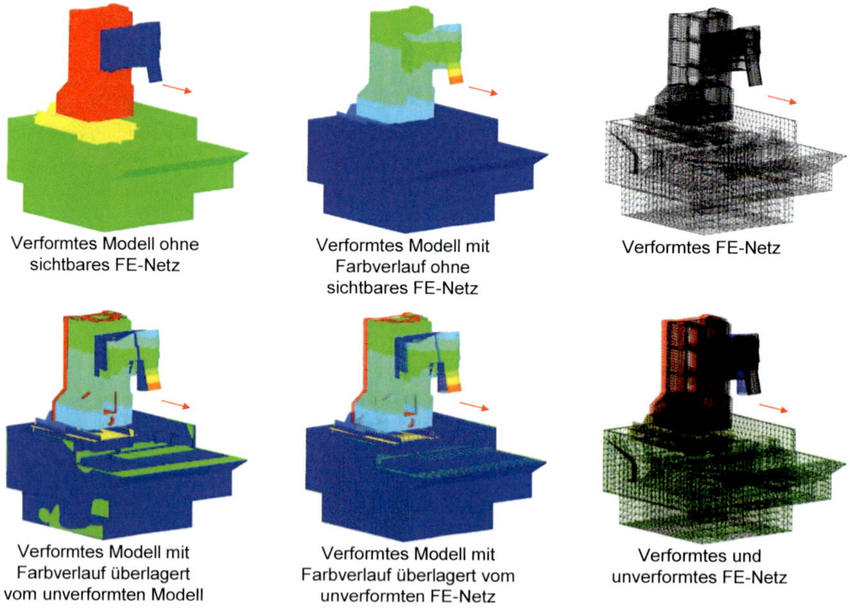

Bild 8-15: Visualisierungstechniken zur Darstellung von FE-Ergebnisdaten
Visualisation possibilities for FE result sets

Für die Analyse konstruktiver Schwachstellen bestehen neben den oben genannten Visualisierungs- und Interaktionstechniken noch weitere Möglichkeiten. So können etwa die prozentualen Anteile der Verlagerungen der Koppelstellen, wie Führungen und Antriebe, eingeblendet werden (Bild 8-16).

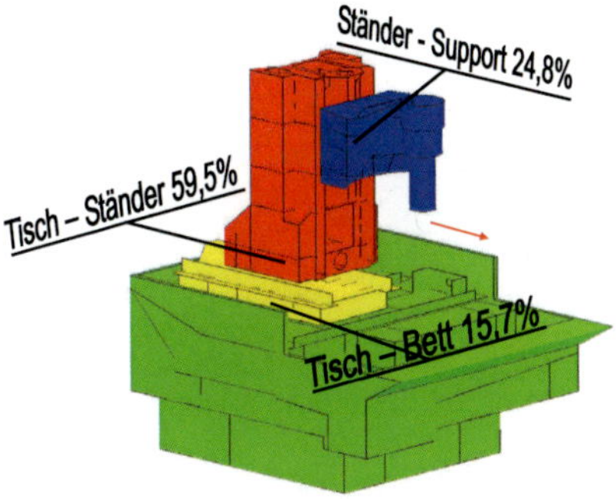

Bild 8-16: Darstellung der prozentualen Verlagerung von Koppelstellen
Visualisation of the percentual joint deformation

Da für die Verlagerungsanalyse von Gestellbauteilen lediglich die relative Verlagerung des einzelnen Strukturbauteils, nicht aber die lokalen Verlagerungen berechnet werden, bietet es sich nicht an, diese Ergebnisse mit einem entsprechenden Farbverlauf zu versehen. Daher ist die Möglichkeit gegeben, in Abhängigkeit der relativen prozentualen Verlagerung eines jeden Strukturbauteils dieses entsprechend transparent darzustellen. Das Bauteil mit dem größten Verlagerungsanteil an der Gesamtverlagerung ist so am deutlichsten sichtbar. Unkritische Bauteile werden dagegen fast transparent abgebildet.

Durch die Kombination der Interaktions- und Visualisierungstechniken kann der Anwender nun die Werkzeugmaschine verfahren, eine beliebige Kraftorientierung am TCP auswählen und dann mit Hilfe der oben beschriebenen visuellen Effekte die Maschine untersuchen. Diese Möglichkeiten erlauben es dem Konstrukteur eines neuen Werkzeugmaschinenkonzeptes, sehr schnell und intuitiv die Schwachstellen der Neuentwicklung an beliebigen Verfahrpositionen und Orientierungen des TCP im Arbeitsraum zu entdecken und auf Grund der gewonnenen Erkenntnisse gezielte Optimierungsmaßnahmen einzuleiten.

Viele der oben aufgeführten Visualisierungstechniken und Interaktionsmöglichkeiten sind im Laufe der vorliegenden Arbeit in diversen Bildern veranschaulicht worden. Allerdings können diese Eindrücke nur einen Bruchteil des wirklichen Erlebens, des Eintauchens in eine Virtuelle Welt, widerspiegeln.

9 Zusammenfassung und Ausblick

Summary and outlook

Die Hardware, die die Darstellung und Interaktion in einer Virtuellen Welt gewährleisten kann, war in der Vergangenheit oft äußerst kostspielig. Inzwischen sind, begünstigt durch den Massenmarkt der Spieleindustrie, extrem leistungsfähige Graphikkarten zu handelsüblichen Preisen erhältlich. Somit stehen heute kleinen und mittelständischen Unternehmen erschwingliche ‚echte' immersive 3D-Visualisierungsgeräte zur Verfügung. Jedoch sind derzeit nur wenige und auch nur sehr spezielle Anwendungsprogramme auf dem Markt verfügbar, die sämtliche VR-Ein- und -Ausgabesysteme unterstützen. Gerade der zunehmende Simulationsbedarf bei großen Werkzeugmaschinen, die in Einzel- oder Kleinserien hergestellt werden, ist auf Grund der technischen Machbarkeit extrem gestiegen. Für die Auswertung und Analyse dieser Simulationsergebnisse bietet es sich an, die neuen technischen Möglichkeiten einer Virtuellen Umgebung (VE) zum Einsatz zu bringen.

Auf der einen Seite möchte man nicht auf bewährte, in der Industrie etablierte CAE-Programme verzichten, aber auf der anderen Seite dennoch die Ergebnisse in einer VE analysieren. Abhilfe kann das Programm StrukExm verschaffen, das im Rahmen der vorliegenden Arbeit entstanden ist.

Basierend auf einem FE-Ergebnisdatensatz, der aus den gängigsten FE-Programmen exportiert werden kann, wurden Verfahren vorgestellt, mit denen die Daten so aufbereitet und weiterverarbeitet werden können, dass als Ergebnis eine interaktive FE-Ergebnisvisualisierung mit Strukturanalysemöglichkeiten an unterschiedlichen Verfahrpositionen des Werkzeugmaschinenmodells in einer VE zur Verfügung steht.

Alle Daten zur interaktiven Analyse und Visualisierung wurden aus einem FE-Ergebnisdatensatz mit dem Zwischenschritt eines hierfür programmierten VR-Preprocessing-Tools StrukExm aufbereitet bzw. generiert und dann in die VR-Software ViSTA übertragen. ViSTA ermöglicht das Einbinden sämtlicher benötigter VR-Eingabe- und -Ausgabegeräte zur Visualisierung und Interaktion in einer VE.

Da zur reinen Visualisierung der Geometrie einer Werkzeugmaschine keine Informationen über das Geometrieinnere eines Gestellbauteils nötig sind, wurde in Kapitel 4.3.2 gezeigt, wie aus beliebigen FE-Elementen in einer Vorabreduktion Volumenelemente in Oberflächenmodelle konvertiert und für die Weiterverarbeitung in der VE in einheitliche Dreiecksnetze überführt werden können. Als Ergebnis steht nach dieser Vorabreduktion ein trianguliertes Oberflächenmodell der Werkzeugmaschine zur Verfügung. Die Anzahl der Knoten und Elemente ist stark von der Vorgehensweise bei der FE-Modellerstellung des Anwenders abhängig. Bei komplexen Werkzeugmaschinenmodellen übersteigt diese Anzahl allerdings die technischen Möglichkeiten einer flüssigen Visualisierung in einer VE. Informatiker beschäftigen sich seit vielen Jahren mit der Vereinfachung solcher Netze. In Kapitel 5 wurden die unterschiedlichen Ansätze vorgestellt und die am besten geeigneten Verfahren auf die hier vorliegende Aufgabenstellung angepasst und in StrukExm integriert. Erst durch diesen Schritt können nun komplexeste FE-Ergebnisdaten interaktiv und immersiv in einer VE animiert, visualisiert und analysiert werden.

Ein FE-Ergebnisdatensatz kann jedoch nicht nur für eine VR-Visualisierung herangezogen werden, er liefert auch Informationen, die durch eine geeignete Aufbereitung, wie es in Kapitel 6.3 vorgestellt wurde, etwa auch für eine Bewegungssimulation verwendet werden können. So wurde in Kapitel 4.4.1 gezeigt, wie Bauteile und Koppelstellen aus einem FE-Ergebnisdatensatz zu identifizieren sind. Die Repräsentanten von Standardbauteilen, z. B. Antriebe und Führungen, wurden durch hinterlegte Steifigkeitswerte im FE-Modell abgebildet und so aufbereitet, dass automatisiert aus diesen Steifigkeitsinformationen relative Bauteilbewegungen abgeleitet und zugewiesen werden konnten.

Mit Hilfe dieser Informationen konnte, wie in Kapitel 6.3 gezeigt, ein sogenannter Szenengraph generiert werden, der automatisch die notwendigen Bewegungsgleichungen aufstellt und somit dem Anwender eine Bewegungssimulation ermöglicht.

Durch einen Suchalgorithmus und die in Kapitel 6.2.2 beschriebene hinterlegte Kollisionskontrolle kann so auch der maximal mögliche Arbeitsraum einer Werkzeugmaschine ermittelt und visualisiert werden (Kapitel 7.4).

Auf Grundlage dieser Vorarbeiten konnten in Kapitel 8 VR-Analysemöglichkeiten zur Aufdeckung konstruktiver Schwachstellen vorgestellt werden. Diese Schwachstellenanalysen werden in Form von Verlagerungsanalysen von Koppelstellen und Gestellbauteilen an unterschiedlichen Verfahrpositionen und mit beliebigen Kraftangriffsrichtungen am TCP durchgeführt. Mit den Verlagerungsanalysen ist es möglich, die relativen Anteile sämtlicher Gestellbauteile und Koppelstellen an der Gesamtverlagerung mit Techniken der VR aufzuspüren, um so gezielt Optimierungsmaßnahmen ergreifen zu können.

In der vorliegenden Arbeit sind somit Verfahren vorgestellt worden, die durch eine geeignete Interpretation eines FE-Ergebnisdatensatzes eines handelsüblichen FE-Programms eine Visualisierung und Analyse eines Werkzeugmaschinenmodells in einer VE ermöglichen. Die beschriebene Schwachstellenanalyse bietet weiterreichende Analysemöglichkeiten als solche, die aus einem FE-Postprocessing-Tool bekannt sind. Somit dient dieses Werkzeug einerseits dem Entwickler zur optimierten Auswertung der Simulationsergebnisse, andererseits ermöglicht es den Entscheidungsträgern eine intuitivere Vorstellung der Werkzeugmaschine, ihrer konstruktiv bedingten Schwachstellen und Einschränkungen.

Darüber hinaus bietet das im Rahmen dieser Arbeit entwickelte Programm StrukExm noch weitere Möglichkeiten der Integration von Simulationswerkzeugen. Beispielsweise könnte künftig eine Maschinensteuerung mit einbezogen werden. Durch die integrierte Kinematiksimulation wäre es möglich, direkt die Antriebe der Werkzeugmaschine anzusteuern. Der Anwender kann visuell überprüfen, ob seine hinterlegte Steuerungssoftware so arbeitet, wie er sich das wünscht. Durch eine Überlagerung der Sollposition und der Istposition können Abweichungen direkt erkannt werden. Auch könnte die hinterlegte Kollisionskontrolle und die Bestimmung des maximalen Arbeitsraums dazu genutzt werden, dass die Maschinensteuerung nur kollisionsfreie Positionen anfahren kann.

Eine weitere denkbare Vernetzung wäre die Integration einer NC-Simulation. Durch die Kenntnis des Verfahrwegs und der Schnittkraft könnten entlang einer Bearbeitungsoperation die Verlagerung der Werkzeugmaschine berechnet und die Abweichungen in einer VE sehr anschaulich gezeigt werden.

Denkbar wäre auch der Abgleich zwischen Simulation und Messung. Die Ergebnisdaten einer Modalanalyse könnten mit den Simulationsdaten der entsprechenden Dynamiksimulation überlagert und abgeglichen werden.

Zusammenfassend kann also festgehalten werden, dass diese Arbeit eine Entwicklungsumgebung vorstellt, in der Interaktions- und Visualisierungstechniken der Virtuellen Umgebung genutzt werden können. Auf Grund der neuentwickelten Software StrukExm steht nun eine Reihe wesentlicher Simulationswerkzeuge in einer einheitlichen Umgebung zur Verfügung. Diese Software besitzt darüber hinaus auch eine so offene Struktur, dass weitere Analyseverfahren leicht integriert werden könnten. Mit Hilfe dieser Software ist es erstmals gelungen, Simulationsergebnisse einer Werkzeugmaschine ohne größere Vorverarbeitungsschritte in einer Virtuellen Umgebung zu visualisieren und zu analysieren.

Summary and outlook

In the past, the equipment needed for visualisation and interaction in a virtual environment (VE) has been very expensive. Thanks to the videogame industry, high performance graphics cards are now available at a reasonable price. As a result, 'real' immersive 3D-visualisation devices are affordable even for small and medium-sized enterprises. However, there are few applications on the marked available, which additionally are highly specialized that support VR input and output devices.

Designers do not want to abandon industry-established CAE tools but also want to analyse results in a VE. Therefore, the program StrukExm has been developed within this thesis.

Based on an FE-result database, which can be exported from common FE-programs, a method has been developed to convert the data to an interactive FE-result visualisation with structure analysis capabilities at different positions of the tool center point.

The data for the interactive analysis and visualisation has been preprocessed with the help of the VR-preprocessing tool StrukExm. After this step, the data is available in VR-software tool ViSTA, which allows the integration of all required VR-input and -output devices for an interactive visualisation in a VE.

For the pure visualisation of the machine tool geometry, no inner mesh information is needed. Chapter 4.3.2 describes the pre-reduction of volume mesh models to shell models and also the conversion to a uniform mesh based on triangles. As a result of this step, a triangle-based shell model of a machine tool is presented. The number of nodes and elements of such a mesh is largely dependent on the approach of the designers' creation process. The number of nodes and elements of complex machine tools is normally much larger than the number of elements that guarantee a smooth visualisation in a VE. Algorithms to reduce the complexity of FE mesh data have been the focus of computer scientist for many years. In chapter 5, a brief introduction of the best adequate algorithms and their integration into StrukExm is given. With the help of these mesh simplification algorithms, even very complex machine tool meshes of FE-programs can be interactive and immersive animated, visualised and analysed in a VE.

An FE-data set also contains information about kinematic relations. This information has to be prepared carefully as shown in chapter 6.3. In chapter 4.4.1, the identification of structural parts, mounts, drives, etc. is illustrated. Standard components such as mounts and drives are represented with spring elements in an FE-model. These springs have been allocated stiffness data according to the behaviour of the component. With the help of sophisticated rules, all information required to build a scene graph and its equations of motion are generated automatically.

A developed search algorithm, described in chapter 7.4, allows in combination with integrated collision detection (chapter 6.2.2) the determination and visualisation of the maximum work space.

All these preprocessing steps are needed to identify design weak points of the machine tools shown in chapter 8. This weak point analysis is based on a deformation analysis of coupling elements and structural components at different driving positions and different force directions at the TCP. It can be used to find the relative deformation of standard components and structural components in comparison to the total deformation. Based on this knowledge, selective optimisations can be performed.

In this thesis a method has been developed that allows with sophisticated interpretation of an FE-data result set of a common FE program to visualise and analyse a machine tool in a VE. The mentioned weak point analysis provides much more extensive options for analysing compared to common and well known FE-post processing tools. Therefore, this tool provides the designer with new possibilities of an optimised analysis of the simulation data. In addition, the tool creates a more intuitive image of the machine tool for engineering management and provides information about design dependent weak points and limitations.

Beyond these capabilities, the developed tool StrukExm offers additional options of integration of simulation tools. One option for future research could be the integration of a machine control unit in the VE. Based on the integrated simulation of machine kinematics, it would be possible to directly control the drive system of the machine tool. The user can visually check if the stored control commands perform as intended. By overlaying the commanded and actual positions of the tool centre point, deviations can be detected directly. The combination of collision detection and determination of the maximum work space can be used for the control unit just to command collision free positions only.

Another future research could be the integration of a NC-simulation. Based on the knowledge of the tool path and the machining forces, the deformations of the machine tool and their effects on the work piece can be determined. The deviations could be visualised in a VE very intuitively.

The integration of simulation and measurement could be an other opportunity. Results of a modal analysis could be compared with a given dynamic simulation and the deviations could be presented in a VE.

In summary, an integrated design workspace has been developed in this thesis in which techniques of interaction and visualisation of VE can be used. Based on newly developed software tool StrukExm, numerous essential simulation tools are provided as part of an integrated environment. This software utilizes an open architecture, which can easily be used for the integration of future analysis research. For the first time, a tool is provided that allows the visualisation and analysis of simulation data of a machine tool inside a virtual environment without complex and time consuming preprocessing steps.

10 Literaturverzeichnis

Literature

[APP08]	N.N.	Apple: QuickTime VR. URL: http://www.apple.com/quicktime/technologies/qtvr/ [Stand: 08.2008]
[AIR90]	Airey, J. Rohlf, J. Brooks, F. P. Jr.	Towards Image Realism with Interactive Updates in Complex Virtual Building Environments. In: Proceedings of SIGGRAPH 90. Dallas, USA, 6.–10. August 1990. Computer Graphics, 24. Jg., 1990, Nr. 2, S. 41–50
[AWK02]	Eversheim, W. Klocke, F. Pfeifer, T. Schuh, G. Weck, M.	Wettbewerbsfaktor Produktionstechnik – Aachener Perspektiven. Tagungsband des AWK Aachener Werkzeugmaschinen-Kolloquium. Aachen: Shaker, 2002
[BAU97]	Bauer, W. H.	Entwicklung eines Systems zur virtuellen ergonomischen Arbeitsgestaltung. (Reihe: ipa-iao Forschung und Praxis, Bd. 257). Berlin: Springer, 1997
[BEI09]	Beier, K.-P.	Virtual Reality: A Short Introduction. URL: http://www-vrl.umich.edu/intro/ [Stand: 07.2009]
[BER04]	Berrut, J.-P. Trefethen, L. N.	Barycentric Lagrange Interpolation. In: SIAM Rev., 46. Jg., 2004, Nr. 3, S. 501–517
[BIA09]	Bianchi, G. Fassi, I. Tosatti, L. M.	A Virtual Prototyping Environment for Parallel Kinematic Machine – Analysis and Design. URL: http://www.mscsoftware.com/support/library/conf/adams/euro/2000/CNR_High_Speed_Tool_Transport.pdf [Stand: 08.2009]
[BOR94]	Borman, S.	Virtuelle Realität. Genese und Evaluation. Bonn: Addison-Wesley, 1994
[BOT08]	Botsch, M. Steinberg, M. Bischoff, S. Kobbelt, L.	OpenMesh: A Generic and Efficient Polygon Mesh Data Structure. OpenSG Symposium 2002. URL: http://www.openmesh.org [Stand: 12.2008]
[BRO98]	Broll, W.	Ein objektorientiertes Interaktionsmodell zur Unterstützung verteilter virtueller Umgebungen. Dissertation Universität Tübingen, 1998
[BRO99]	Brooks, F. P. Jr.	What´s Real About Virtual Reality? In: IEEE Computer Graphics and Applications. 19. Jg., 1999, Nr. 6, S. 16–27
[BUC98]	Buck, M.	Immersive User Interaction Within Industrial Virtual Environments. In: Dai, Fan (Hrsg.): Virtual Reality for Industrial Applications. Berlin: Springer, 1998, S. 39–59
[BUR03]	Burdea, G. Coiffet, P.	Virtual Reality Technology. 2. Aufl. New York: John Wiley & Sons Inc., 2003

[BUR94] Burdea, G.; Coiffet, P. — Virtual Reality Technology.
1. Aufl. New York: John Wiley & Sons Inc., 1994

[CEN08] N.N. — Cenit.
URL: http://www.cenit.de
[Stand: 12.2008]

[CER05] Cerfontaine, P.; Müller-Held, B.; Kuhlen, T. — Interaktive, VR-gestützte Finite-Elemente-Datenanalyse von Werkzeugmaschinen.
In: Gausemeier, J., Grafe, M. (Hrsg.): Augmented und Virtual Reality in der Produktentstehung. (HNI-Verlagsschriftenreihe, Bd. 167). Paderborn, 2005, S. 237–246

[CIG98] Cignoni, P.; Montani, C.; Copino, R. — Comparison of Mesh Simplification Algorithms.
In: Computer and Graphics, 22. Jg., 1998, Nr. 1, S. 37–54

[CML08] N.N. — CMLabs: Vortex Simulation Toolkit.
URL: http://www.cm-labs.com/software/vortex/
[Stand 08.2008]

[COH96] Cohen, J. — Simplification Envelopes.
In: Proceedings of SIGGRAPH 96. New Orleans, USA, 4.–9. August 1990. Computer Graphics, 30. Jg., 1996, S. 119–128

[COH98] Cohen, J.; Olano, M.; Manocha, D. — Appearance Preserving Simplification.
In: Proceedings of SIGGRAPH 98. Orlando, USA, 19.–24. Juli 1998. Computer Graphics, 32. Jg., 1998, S. 115–122

[COH09] Cohen, J. — Concepts and Algorithms for Polygonal Simplification.
URL: http://www.cs.jhu.edu/~cohen/Publications/simpsurv.pdf
[Stand 07.2009]

[CON00] Connell, M.; Tullberg, O. — A Framework for the Interactive Investigation of Finite Element Simulation within Virtual Environments.
In: Proceedings of 2. Engineering Computational Technology Conference. Leuven, Belgien, 6.–8. Oktober 2000. Edinburgh, Großbritannien: Civil Com press, 2000, S. 43–50

[CON09] Conti, J. P.; Clinton, C. M.; Zhang, G. — Workspace Variation of a Hexapod Machine Tool.
URL: http://www.isd.mel.nist.gov/documents/wavering/workspace_res.pdf
[Stand 08.2009]

[COO01] Coors, V. — Feature-preserving Simplification in Web-based 3D-GIS.
In: Proceedings of International Symposium on Smart Graphics. Hawthorne, USA, 21.–23. März 2001. S. 22–26

[DAM04] Dammer, M. — Integration von CAE-Systemen zur Werkzeugmaschinenentwicklung.
Dissertation RWTH Aachen, Aachen: Shaker, 2004

[DEP04] Dépincé, Ph.; Chablat, D.; Woelk, P.-O. — Virtual Manufacturing: Tools for improving Design and Production.
In: Proceedings of CIRP International Design Seminar 2004. Kairo, Ägypten, 16.–18. Mai 2004. S. 251

[ECK95] Eck, M. et al. — Multiresolution Analysis of Arbitrary Meshes.
In: Proceedings of SIGGRAPH 95. Los Angeles, USA, 6.–11. August 1995. Computer Graphics, 29. Jg., 1995, S. 173–182

[ELS99] El-Sana, J.; Varshney, A. — Generalized View-dependent Simplification.
In: Computer Graphics Forum, 18. Jg., 1999, Nr. 3, S. 83–94

[ERI96]	Erikson, C.	Polygonal simplification: An overview. URL: http://www.cs.unc.edu/~eriksonc/Research/Paper/SimpOverview/SimpOverview.pdf [Stand: 07.2009]
[ESP08]	N.N.	Esprit-Project 7704 AIT: Advanced Information Technologies in Design and Manufacturing. URL: http://cordis.europa.eu [Stand: 08.2008]
[FUN08]	N.N.	Functionbay: Control Toolkit. URL: http://www.functionbay.co.kr/ [Stand: 12.2008]
[GAR97]	Garland, M. Heckbert, P.	Simplification Using Quadric Error Metrics. In: Proceedings of SIGGRAPH 97. Los Angeles, USA, 3.–8. August 1997. Computer Graphics, 31. Jg., 1997, S. 209–216
[GAR98]	Garland, M. Heckbert, P.	Simplifying Surfaces with Color and Texture using Quadric Error Metrics. In: Proceedings of the IEEE Visualization 1998. Research Triangle Park, NC, USA, 18.–23. Oktober 1998. Los Alamitos, USA: IEEE Computer Society Press, S. 263–270
[GAR99a]	Garland, M.	Multiresolution Modeling: Survey & Future Opportunities. In: Eurographics 99. State of the Art Reports, 1999, S. 111–131
[GAR99b]	Garland, M.	Quadric-Based Polygonal Surface Simplification. Dissertation Carnegie Mellon University Pittsburgh, USA, 1999
[GAR08]	Garthwait, T. Reposa, J.	Mesh Decimation. BS Thesis, Worcester Polytechnic Institute, 2002. URL: http://meshalgorithms.sourceforge.net [Stand: 12.2008]
[GAU04]	Gausemeier, J. Müller, W. Bauch, J. Radkowski, W. Shen, T. Paelke, V.	Virtual Prototyping Of Self-Optimizing Mechatronic Systems. In: Marjanovic, D. (Hrsg.): Proceedings of the Design 2004 – 8th International Design Conference. Dubrovnik, 18.–21. Mai 2004. The Design Society, S. 219–224
[GNU08]	N.N.	GNU Triangulated Surface Library. Open Source Free Software Library. URL: http://gts.sourceforge.net [Stand: 12.2008]
[GOL06]	Goldstein, H.	Klassische Mechanik. 3. Aufl. Weinheim: Wiley-VCH, 2006
[GOM99]	Gomes de Sà, A. Zachmann, G.	Virtual Reality as a tool for verification of assembly and maintenance processes. In: Computers & Graphics, 23. Jg., 1999, Nr. 3, S. 389–403
[GOS96]	Gosselin, C.	Determination of the Workspace of 6-DOF Parallel Manipulators. In: Journal of Mechanical Design, Vol. 112, 1996, S. 331–336
[HAV08]	N.N.	HavOK: Havok Physics. URL: http://www.havok.com/clients/partners.php [Stand: 12.2008]

[HEI92]	Heilig, M.	El Cine del Futuro – The Cinema of the Future. In: Presence: Teleoperators and Virtual Environments, 1. Jg., 1992, Nr. 3, S. 279–294
[HEN97]	Hennig, A.	Die andere Wirklichkeit. Virtual Reality. Konzepte, Standards, Lösungen. Bonn: Addison-Wesley, 1996
[HOE08a]	N.N.	Höchstleistungsrechenzentrum Stuttgart: SFB – 374 Rapid Prototyping. URL: http://www.sfb374.uni-stuttgart.de/start.html [Stand: 12.2008]
[HOE08b]	N.N.	Höchstleistungsrechenzentrum Stuttgart: COVISE Features. URL: http://www.hlrs.de/organization/vis/covise/features/ [Stand: 12.2008]
[HOE08c]	N.N.	Höchstleistungsrechenzentrum Stuttgart: COVER – Covise Virtual Environment. URL: http://www.hlrs.de/organization/vis/covise/features/cover/ [Stand: 12.2008]
[HOP93]	Hoppe, H. DeRose, T. Duchamp, T. McDonald, J. Stuetzle, W.	Mesh Optimization. In: Proceedings of SIGGRAPH 93. Anaheim, USA, 1.–6. August 1993. Computer Graphics, 27. Jg., 1993, S. 19–26
[HOP96]	Hoppe, H.	Progressive Meshes. In: Proceedings of SIGGRAPH 96. New Orleans, USA, 4.–9. August 1996. Computer Graphics, 30. Jg., 1996, S. 99–108
[HOP99]	Hoppe, H.	New Quadric Metric for Simplifying Meshes with Appearance Attributes. In: Proceedings of IEEE Visualization 99. San Francisco, USA, 24.–29. Oktober 1999. IEEE Computer Society Press, S. 59–66
[HUI98]	Hui, K. C. Ma, M. C.	Deforming Virtual Objects with an Instrumented Glove. In: Proceedings of Computer Graphics International. Hannover, 22.–24. Juni 1998. IEEE Computer Society Press, S. 393–395
[INT08]	Wesche, G. Wind, J. Fröhlich, B.	Interactive visualization of three dimensional fluid dynamics. Fraunhofer Institut für Medienkommunikation IMK. URL: http://www.imk.fraunhofer.de [Stand: 12.2008]
[JER01]	Jeräbkovä, L.	Virtual Prototyping of Robots. Czech Technical University – Faculty of Electrical Engineering, Diplomarbeit, 2001
[JÖN05]	Jönsson, A. Wall, J. Broman, G.	A Virtual Machine Concept for Real-Time Simulation of Machine Tool Dynamics. In: International Journal of Machine Tools and Manufacture, 45. Jg., 2005, S. 795–801
[KEL93]	Kelly, K. Heilbrun, A.	Was heißt „Virtuelle Realität“? Ein Interview mit Jaron Lanier. In: Waffender, M. (Hrsg.): Cyberspace. Ausflüge in virtuelle Wirklichkeiten. Reinbek: Rowohlt, 1993, S. 66–87

[KES05]	Kessler, K.	Automatisierte Kinematikableitung mit integrierter Kollisionskontrolle aus Finite-Elemente-Berechnungsergebnissen in der Virtuellen Realität. Diplomarbeit im Studiengang Informatik, RWTH Aachen, 2005
[KIS08]	N.N.	The KISMET 3D-Simulation Software. Forschungszentrum Karlsruhe in der Helmholtz-Gemeinschaft. URL: http://iregt1.iai.fzk.de/ [Stand: 12.2008]
[KOP03]	Kopp, R. Kuhlen, T. Kneppe, G. Plociennik, C. Hofmann, O. Honnet, V.	Virtual Reality in Metal Forming. In: Steel research international, 74. Jg., 2003, Nr. 11–12, S. 756–761
[KRA02]	Krause, F.-L. Tang, T. Ahle, U.	Leitprojekt integrierte Virtuelle Produktentwicklung. Abschlussbericht, München: Hanser Verlag, 2002
[KRE99]	Kreuder, S.	Virtuelle Realität in Entwicklung und Produktion. Diplomarbeit im Studiengang Maschinenbau, RWTH Aachen, 1999
[KUE00]	Küster, F. Duchaineau, M. Hamann, B.	Designers Workbench: Toward real-time immersive modelling. In: Merritt, J. O., Benton, S. A., Woods, A. J., Bolas, M. T. (Hrsg.): Electronic Imaging (EI'00) – Stereoscopic Displays and Virtual Reality Systems VII. Vol. 3957, 2000, S. 464–472
[KUH99]	Kuhlen, T.	Wozu überhaupt Virtual Reality an der RWTH Aachen? Rechen- und Kommunikationszentrum RWTH Aachen, 1999
[KUR08]	N.N.	Philip Kurzenberger e.K. 3D-Brillen. URL: http://www.3d-brillen.de [Stand: 12.2008]
[KUS02]	Kuschfeld, S. Schulz, M. Reuding, Th. Holzner, M. Ertl, Th.	Advanced Visualization of Crashworthiness Simulations using Reality Techniques. Computer Graphics Group Universität Erlangen, Entwicklung Karosserie BMW AG München, 2002
[KUU06]	Kuukkanen, H.	CADPIPE speeds up design pipeline. URL: http://ec.europa.eu/research/sme-techweb/pdf/fp6_success_stories.pdf [Stand: 07.2009]
[LIN00]	Lindstrom, P. Turk, G.	Image-Driven Simplification. In: ACM Trans. Graphics, 19. Jg., 2000, Nr. 3, S. 204–241
[LIV02]	Liverani, A. Küster, F. Hamann, B.	Towards Interactive Finite Element Analysis of Shell Structures in VR. In: Proceedings of IEEE Information Visualization. Boston, USA, 28. Oktober bis 1. November 2002. IEEE Computer Society Press, S. 340–346
[LOW97]	Low, K.-L. Tan, T. S.	Model Simplification Using Vertex Clustering. In: Proceedings of 1997 Symposium Interactive 3D Graphics. Providence, USA, 27.–30. April 1997, New York: ACM, S. 75–82

[LUC98] Luczak, H. Arbeitswissenschaft.
2. Aufl. Berlin: Springer-Verlag, 1998

[LUE01] Luebke, D. A Developers Survey of Polygonal Simplification Algorithms.
In: IEEE Computer Graphics & Applications, 21. Jg., 2001, Nr. 3, S. 24–35

[LUE97] Luebke, D. Erikson, C. View-Dependent Simplification of Arbitrary Polygonal Environments.
In: Proceedings of SIGGRAPH 97. Los Angeles, USA, 3.–8. August 1997. Computer Graphics, 31. Jg., 1997, S. 199–208

[MAG03] N.N. MAGMA Gießereitechnologie: MAGMAcommunication Firmenschrift, Aachen, 2003

[MEL98] Melax, S. A Simple, Fast, and Effective Polygon Reduction Algorithm.
In: Game Developer Magazine, Nov. 1998, S. 44–49

[MIC00] Michael, J. Judy, M. Applying virtual reality techniques to the interactive stress analysis of a tractor lift arm.
In: Finite Elements in Analysis and Design, 25. Jg., 2000, Nr. 2, S. 141–155

[MSC08] N.N. MSC.SOFTWARE: Mechanism/Pro.
URL: http://www.mscsoftware.com/products/
[Stand: 12.2008]

[MTP08] De Floriani, L. Magillo, P. Puppo, E. Multi-Tesselation Package.
Dipartimento di Informatica e Scienze dell' Informazione.
URL: http://www.disi.unige.it/person/MagilloP/MT/index.html
[Stand: 12.2008]

[NET02] Netto, A. V. Ferreira de Oliveira, M. C. Virtual Reality for Machine Tool Prototyping.
URL: http://www.abs-tech.com/admin/modulos/portal-educativo/upload/arquivos/34/41.pdf
[Stand 07.2009]

[NEU04] Neugebauer, R. Schlegel, A. Advanced Process Chains for Tool and Die Manufacturing.
In: Teti, R. (Hrsg.): Intelligent Computation in Manufacturing Engineering, Salerno, 2004, S. 153–158

[NOR06] Nordmann, K. 3D Rendering – Introduction and Interesting Algorithms.
PHP Usergroup Dortmund, Dortmund, 2006
URL: http://kore-nordmann.de/talks/3d_rendering.pdf
[Stand: 08.2008]

[PRE08] N.N. Presagis Inc., Vega prime – Rapidly configure, create and deploy advanced 3D simulation applications.
URL: http://www.presagis.com
[Stand: 12.2008]

[PRE97] Press, W. H. Teukolsky, S. A. Vetterling, W. T. Flannery, B. P. Numerical Recipes in C.
2. Aufl. Cambridge University Press, 1997

[PSO95] Psotka, J. Davison, S. A. Virtual Reality Terms.
Alex-Immersion Comp., 1995

[PTC08] N.N. PTC The Product Development Company.
URL: http://www.ptc.com
[Stand: 12.2008]

[PUP97]	Puppo, E. Scopigno, R.	Simplification, LOD and Multiresolution – Principles and Applications. In: Eurographics 97 Tutorial Notes, 16. Jg., 1997, Nr. 3
[PYP03]	Pypec, C.	Virtual Reality in der Praxis. Empirische Untersuchung zur Technologie, Entwicklung und Einsatzgebieten in der Industrie. Diplomarbeit, Universität Siegen, 2003
[QSL08]	Garland, M.	Qslim Software Package. URL: http://graphics.cs.uiuc.edu/~garland/software/qslim.html [Stand: 12.2008]
[QUE05]	Queins, M.	Simulation des dynamischen Verhaltens von Werkzeugmaschinen mit Hilfe flexibler Mehrkörpermodelle. Dissertation RWTH Aachen, Aachen: Shaker-Verlag, Band 12/2005, 2005
[RAN97]	Rantzau, D. Rühle, R.	Architektur und Anwendungen einer modularen und skalierbaren VR-Umgebung für technisch-wissenschaftliche Simulation und Visualisierung. In: Proceedings of GI Workshop Visualisierung im Engineering, VisEng. Stuttgart, 10.–11. Mai 1997
[RAN98]	Rantzau, D. Frank, K. Lang, U. Rainer, D. Wösser, U.	COVISE in the CUBE: An Environment for Analyzing Large Complex Simulation Data. 2nd Workshop on Immersive Projection Technology. Ames, Iowa, 11.–12. Mai 1998. URL: http://www.rz.rwth-aachen.de/global/show_document.asp?id=aaaaaaaaaaazxti [Stand: 07.2009]
[REA08]	N.N.	REAL D inc. URL: http://www.reald-corporate.com [Stand: 12.2008]
[REI00]	Van Reimersdahl, T. Kuhlen, T. Gerndt, A. Henrichs, J. Bischof, C.	ViSTA: a multimodal, platform-independent VR-Toolkit based on WTK, VTK and MPI. Fourth International Immersive Projection Technology Workshop (IPT2000), Ames, Iowa, 2000 URL: http://www.rz.rwth-aachen.de/global/show_document.asp?id=aaaaaaaaaaazxti [Stand: 07.2009]
[ROE01]	Rößler, A.	Ein System für die Entwicklung von räumlichen Benutzungsschnittstellen. (Reihe: IAO Forschung und Praxis, Bd. 334). Heimsheim: Jost-Jetter-Verlag, 2001
[ROS93]	Rossignac, J. Borrel, P.	Multi-resolution 3D Approximations for Rendering. In: Falcidieno, B., Kunii, T. L. (Hrsg.): Geometric Modeling in Computer Graphics. New York: Springer-Verlag, 1993, S. 455–465
[RUS03]	Russell, S. Norvig, P.	Artificial Intelligence: A Modern Approach. 2. Aufl. Prentice-Hall, Englewood Cliffs, New York, 2003
[ROT05]	Rottenburg, U. Neumann, J. Zacharias, D. Jank, E.	ViVERA – Virtuelles Kompetenznetzwerk zur Virtuellen und Erweiterten Realität. Future Mitteilungen aus dem produktionstechnischen Zentrum (PTZ) Berlin, 3/2003

[SAR00]	Sarath, S. Shujace, K. Cannon, K.	Visualization of Large Complex Datasets using Virtual Reality. In: Proceedings of the International Conference on Information Technology: Coding and Computing (ITCC'00). IEEE Konferenz in Las Vegas, 27.–29. März 2000. Washington: IEEE Computer Society, S. 522–526
[SCH02]	Schulz, M. Reuding, Th. Ert, Th. L.	Analyzing Simulation a Virtual Environment. Computer Graphics Group Universität Erlangen, Entwicklung Karosserie BMW AG München, 2002
[SCH04]	Schmitz, A.	Adaptiv aufgelöste Dreiecksnetze für die interaktive Visualisierung von Finite-Elemente-Berechnungsergebnissen in der Virtuellen Realität. Diplomarbeit im Studiengang Informatik, RWTH Aachen, 2004
[SCH05]	Scheik, S.	Virtuelle Realität in Entwicklung und Produktion. Studienarbeit im Studiengang Maschinenbau, RWTH Aachen, 2005
[SCH06a]	Schenk, M. Blümel, E. Schumann, M. Böhme, T.	Virtuelle Werkzeugmaschinen real gesteuert – Kopplung einer CNC-Steuerung mit dem virtuellen Modell einer Schwerwerkzeugmaschine. In: wt Werkstattstechnik online, 96. Jg., 2006, Nr. 7/8
[SCH06b]	Schumann, M.	Per Forschungs-Express in die Praxis. IFFOCUS Mensch-Maschine interaktiv 2/2006
[SCH07]	Schröder, T.	Virtuell planen. Fraunhofer Magazin, 1.2007
[SCH92]	Schroeder, W. Zarge, J. Lorenson, W.	Decimation of Triangle Meshes. In: Proceedings of SIGGRAPH 92. Chicago, USA, 26.–31. Juli 1992. Computer Graphics, 26. Jg., 1992, S. 65–70
[SCH97]	Schroeder, W.	A Topology-Modifying Progressive Decimation Algorithm. In: Proceedings of IEEE Visualization 97. Phoenix, 19.–24. Oktober 1997. IEEE Computer Society and ACM, S. 205–212
[SCH98]	Schulz, M. Reuding, T. Ertl, T.	Analyzing Engineering Simulation in a Virtual Environment. In: Proceedings of IEEE Virtual Reality Conference. Atlanta, USA, 14.–18. März 1998. IEEE Computer Society Press, S. 46–52
[SEN08]	N.N.	SensAble Technologies. URL: http://sensable.com [Stand: 12.2008]
[SFB03]	N.N.	Ergebnisbericht 2001, 2002, 2003 – Sonderforschungsbereich 374 – Entwicklung und Erprobung innovativer Produkte – Rapid Prototyping. Universität Stuttgart, 2003
[SGI08]	N.N.	SGI Silicon Graphics, Inc., IRIS ViewKit. URL: http://www.sgi.com/products/software/viewkit/ [Stand: 12.2008]
[SIM08]	N.N.	What are you Intending To Do? INTEC GmbH. URL: http://www.simpack.de [Stand: 12.2008]
[SMI08]	Smith, R.	Open Dynamics Engine: User Guide v0.5. URL: http://www.ode.org [Stand: 12.2008]

[SOM08]	Somers, J.	Jeff Somers Mesh Simplification Viewer. URL: http://www.jsomers.com/vipm_demo/meshsimp.html [Stand: 12.2008]
[SPU97]	Spur, G. Krause, F.-L.	Das virtuelle Produkt. Management der CAD-Technik. München: Carl Hanser Verlag, 1997
[STE98a]	Steffan, R. Kuhlen, T.	A Virtual Workspace Including a Multimodal Human Computer Interface for Interactive Assembly Planning. URL: http://www.rz.rwth-aachen.de/global/ show_document.asp?id=aaaaaaaaaaxpcc [Stand: 07.2009]
[STE98b]	Steffan, R. Schull, U. Kuhlen, T.	Integration of Virtual Reality based Assembly Simulation into CAD/CAM Environments. In: Proceedings of 24th Annual Conference of the IEEE Industrial Electronics Society (IECON'98). Aachen, 31. August bis 3. September 1998, S. 2535–2537
[STE99]	Steffan, R. Broicher, F. Kuhlen, T.	Design of multimodal feedback mechanisms for interactive 3D object manipulation. In: Proceedings of the 8th International Conference on Human-Computer Interaction (HCI '99). München, 22.–27. August 1999. Stuttgart: Fraunhofer IRB Verlag, S. 461–465
[STR04]	Straube, M.	Modularer Ansatz zur Simulation verfahrensübergreifender fertigungstechnischer Prozessketten. Berichte aus der Produktionstechnik Band 14/2004, Dissertation RWTH Aachen, 2004
[STU08]	N.N.	Studenteninitiative Siemens Sachsen e. V., Maschinensimulation verkürzt Markteinführung. URL: http://www.siss-ev.de [Stand: 12.2008]
[TIE08]	Tiedman, P.	Memory-optimized bounding-volume hierarchies. URL: http://www.codercorner.com/Opcode.pdf [Stand: 12.2008]
[TRI08]	Trinkle, J.	Trinkle's Survey of Multibody Dynamics Software. URL: http://www.cs.rpi.edu/~trink/sim_packages.html [Stand: 12.2008]
[UGS08]	N.N.	UGS Unigraphics Solutions GmbH. URL: http://www.ugsplm.de [Stand: 12.2008]
[UST03]	Ustarroz, A. Lozano, A. Matey, L. Siemon, J. Klockmann, D. Berasategi, M. I.	VIRTOOL – Virtual Reality for Machine – Tool. URL: http://www.virtool.com/publications/Papers/paper2-20021039649.pdf [Stand: 07.2009]
[VAN08]	Van den Bergen, G.	FreeSolid: Interference Detection. URL: http://www.win.tue.nl/~gino/solid/ [Stand: 12.2008]

[VDS08]	N.N.	VDSlib: A View-Dependent Simplification and Rendering Package. University of Virginia, URL: http://VDSlib.virginia.edu [Stand: 12.2008]
[VIV08]	N.N.	Virtuelles Kompetenznetzwerk zur Virtuellen und Erweiterten Realität (ViVERA). URL: http://www.vivera.org [Stand: 12.2008]
[VTK08]	N.N.	The Visualization Toolkit. Open Source C++ Library. Kitware Inc. URL: http://www.vtk.org [Stand: 12.2008]
[WBK08]	N.N.	Institut für Werkzeugmaschinen und Betriebstechnik der Universität Karlsruhe. URL: http://www.robert-landwehr.de/Veroeffentlichungen/03F.pdf [Stand: 12.2008]
[WEC00a]	Weck, M. Hessel, Ch. Müller-Held, B.	The Virtual Machine Tool. In: Production Engineering – Research and Development, Berlin: Springer-Verlag, VII/2, 2000, S. 89–94
[WEC00b]	Weck, M. Müller-Held, B.	Virtuelle Produkt- und Prozessentwicklung. Konstruktionsarbeitsplatz für die Werkzeugmaschinenentwicklung. In: wt Werkstattstechnik, 90. Jg., 2000, Heft 7/8, Springer VDI Verlag, S. 302–306
[WEC02]	Weck, M.	Werkzeugmaschinen, Fertigungssysteme – 2. Konstruktion und Berechnung. 7. Aufl. Berlin: Springer Verlag, 2002
[WEC03]	Weck, M. Staimer, D. Witt, S.	Einsatz von Parallelkinematiken in der Praxis. In: wt Werkstattstechnik, 93. Jg., 2003, Heft 7/8, Springer VDI Verlag, S. 526–530
[WIT90]	Witkin, A. Gleicher, M. Welch, W.	Interactive dynamics. In: Proceedings of SIGGRAPH 90. Dallas, USA, 6.–10. August 1990. Computer Graphics, 24. Jg., 1990, Nr. 2, S. 11–21
[WIT97a]	Witkin, A. Baraff, D.	An Introduction to Physically Based Modeling: Rigid Body Simulation I. – Unconstrained Rigid Body Dynamics. URL: http://www.cs.cmu.edu/~baraff/pbm/rigid1.pdf [Stand: 07.2009]
[WIT97b]	Witkin, A. Baraff, D.	An Introduction to Physically Based Modeling: Rigid Body Simulation II. – Nonpenetration Constrains. URL: http://www.cs.cmu.edu/~baraff/pbm/rigid2.pdf [Stand: 07.2009]
[WUY04]	Wu, Y. He, Y. Cai, H.	QEM-based Mesh Simplification with Global Geometry Features Preserved. In: Proceedings of the 2nd International Conference on Computer Graphics and Interactive Techniques in Australia and South East Asia. Singapore, 15.–18. Juni 2004. New York: ACM, S. 50–57
[YAG96]	Yagawa, G. Kawai, H. Yoshimura, S. Yoshioka, A.	Mesh-invisible finite element analysis system in a virtual reality environment. In: Computer Modelling Simulation Eng., 1. Jg., 1996, Nr. 2, S. 289–314

[YEH97]	Yeh, T. P. Vance, J. M.	Combing MSC/NASTRAN sensitivity methods and virtual reality to facilitate interactive design. In: Finite Elements in Analysis and Design, 26. Jg., 1997, Nr. 2, S. 161–169
[ZAC98]	Zachmann, G.	VR-Techniques for Industrial applications. In: Dai, F. (Hrsg.): Virtual Reality tor Industrial Applications. Berlin: Springer-Verlag, 1998, S. 13–38
[ZIL08]	Zilske, M. Lameckers, H. Zachow, S.	Adaptive Remeshing of Non-Manifold Surfaces. In: Drettakis, G., Scopigno, R. (Hrgs.): Proceedings of Eurographics 08. Kreta, Griechenland, 14.–18. April 2008. Vol. 27, 2008, Nr. 3, S. 393–402

Lebenslauf

Persönliche Angaben	Name, Vorname	Müller-Held, Bernhard
	Geburtsdatum	23. April 1972
	Geburtsort	Aachen
	Familienstand	verheiratet, ein Kind
	Staatsangehörigkeit	deutsch
Schulbildung	1978–1982	Grundschule Höfchensweg in Aachen
	1982–1987	Pius-Gymnasium in Aachen
	1987–1991	Humanistisches Gymnasium in Viersen
Wehrdienst	1991–1992	Fernmeldebatallion in Hannover und Düsseldorf
Studium	1992–1999	Studium des Maschinenbaus an der RWTH Aachen Vertiefungsrichtung Konstruktionstechnik
	1997–1998	Auslandssemester am Massachusetts Institute of Technology in Cambridge, USA
Berufliche Tätigkeit	1995–1997	Studentische Hilfskraft am Institut für Maschinenelemente der RWTH Aachen
	1999–2005	Wissenschaftlicher Mitarbeiter am Laboratorium für Werkzeugmaschinen und Betriebslehre (WZL) der RWTH Aachen Lehrstuhl für Werkzeugmaschinen Abteilung Maschinentechnik
	Seit 2005	Mitarbeiter der Firma HEAD acoustics GmbH, Herzogenrath

In der Reihe **Ergebnisse aus der Produktionstechnik** zuletzt erschienen:

Boßmann, Carsten:
Planung hybrider Portfolios von Lösungsanbietern im Maschinenbau
ISBN: 978-3-98555-349-5
Erscheinungsdatum: 01.07.2026

Schümmelfeder, Sven:
Lebenszyklusorientierte Informationsstrukturierung zur Umsetzung von Produktkreislaufstrategien
ISBN: 978-3-98555-350-1
Erscheinungsdatum: 01.07.2026

Abramowski, Johann-Philip:
Entwicklung eines standardisierten Vorgehensmodells zur Integration manueller, automatisierter und virtueller Quality Gates in produzierenden Unternehmen
ISBN: 978-3-98555-347-1
Erscheinungsdatum: 22.06.2026

Hoeren, Maximilian:
Lernende Algorithmen für die automatisierte aktive Justage optischer Systeme
ISBN: 978-3-98555-345-7
Erscheinungsdatum: 16.06.2026

Klumpen, Niclas:
Einsatz von Formgedächtnislegierung zur Verbesserung des Dämpfungsvermögens von Fräswerkzeugen
ISBN: 978-3-98555-346-4
Erscheinungsdatum: 19.05.2026

Schmid, Tobias:
System- und Prozesstechnologie zur lokalen Beschichtung blechbasierter elektrischer Kontaktbauteile durch Laser-Draht-Mikroauftragschweißen
ISBN: 978-3-98555-339-6
Erscheinungsdatum: 09.04.2026

Zhao, Guifeng:
Methoden zur effizienten und genauen Berechnung der statischen Nachgiebigkeit und der Eigenpaare dünnwandiger Werkstücke
ISBN: 978-3-98555-335-8
Erscheinungsdatum: 09.03.2026

Frey, Christoph:
Gestaltung eines Ökosystems für Netzwerkinnovationen im Werkzeugbau
ISBN: 978-3-98555-329-7
Erscheinungsdatum: 23.02.2026

Westphal, Christian:
Verzahnungsauslegung für Stufenplanetengetriebe
ISBN: 978-3-98555-330-3
Erscheinungsdatum: 11.02.2026

Dehn, Mathias:
Korrektur des thermo-elastischen Maschinenfehlers von Fräsmaschinen mithilfe von künstlichen neuronalen Netzen und maschineninternen Daten
ISBN: 978-3-98555-326-6
Erscheinungsdatum: 23.02.2026

Edition Wissenschaft
Apprimus

Buchholz, Philip:
Entwicklung und Evaluierung eines neuartigen Recyclingverfahrens für thermoplastische Tapes
ISBN: 978-3-98555-327-3
Erscheinungsdatum: 03.02.2026

Kiesewetter-Marko, Caroline:
Verwendung von Zementbeton für dynamisch belastete Strukturbauteile von Werkzeugmaschinen
ISBN: 978-3-98555-322-8
Erscheinungsdatum: 27.01.2026

Bergs, Christian:
Untersuchung von Werkzeugschnittstellen für Fräsmaschinen unter Betriebsbedingungen
ISBN: 978-3-98555-320-4
Erscheinungsdatum: 13.01.2026

Maetschke, Jan:
Wirtschaftliche Leistungssteigerung von Produktionslinien
ISBN: 978-3-98555-316-7
Erscheinungsdatum: 09.12.2025

Blanke, Philipp:
Temporäre Automatisierung von Werkzeugmaschinen
ISBN: 978-3-98555-314-3
Erscheinungsdatum: 24.11.2025

Beckschulte, Sebastian:
Gestaltungsmodell zur Systematisierung der Fehlerdatenerfassung im manuellen Montageprozess
ISBN: 978-3-98555-311-2
Erscheinungsdatum: 17.11.2025

Schäfer, Jan Marvin:
Digitale Auftragsnachverfolgung auf dem Shopfloor additiver Produktionssysteme
ISBN: 978-3-98555-332-7
Erscheinungsdatum: 03.02.2026

Niwar, Lea:
Methodik zur Arbeitsvorbereitung mittels Maschinensteuerungs- und Sensordaten für extrusionsbasierte additive Verfahren
ISBN: 978-3-98555-315-0
Erscheinungsdatum: 13.01.2026

Wiesch, Marian:
Lernende Prozesskraftmodellierung zur Planung und Überwachung in der Einzelteilfertigung für Fräsanwendungen
ISBN: 978-3-98555-324-2
Erscheinungsdatum: 13.01.2026

Slawik, Viktor:
Datenbasierte Analyse vernetzter natürlich sprachlicher Anforderungen in der Produktentwicklung
ISBN: 978-3-98555-313-6
Erscheinungsdatum: 24.11.2025

de Oliveira Löhrer, Patrícia:
Influence of Material Removal Mechanisms on Thermo-Mechanical Loads in Continuous Generating Gear Grinding
ISBN: 978-3-98555-309-9
Erscheinungsdatum: 17.11.2025

Zalfen, Moritz:
Einfluss der Dehnrate auf die Zahnfußtragfähigkeit schnelllaufender Zahnradgetriebe
ISBN: 978-3-98555-308-2
Erscheinungsdatum: 03.11.2025

Edition Wissenschaft
Apprimus

FSC
www.fsc.org
MIX
Papier | Fördert gute Waldnutzung
FSC® C083411

Kolibri 360 GmbH
Ferdinand-Jühlke-Straße 7
99095 Erfurt, Deutschland
produktsicherheit@kolibri360.de